姜科观赏植物应用研究

主编◎刘念 冯莹 林玲 殷爱华

中国林业出版社
CFPH China Forestry Publishing House

图书在版编目（CIP）数据

姜科观赏植物应用研究 / 刘念等主编. -- 北京 : 中国林业出版社, 2024.4

ISBN 978-7-5219-2516-6

Ⅰ.①姜… Ⅱ.①刘… Ⅲ.①姜科—观赏植物—研究 Ⅳ.①Q949.71

中国国家版本馆CIP数据核字(2024)第004435号

责任编辑　于晓文　于界芬

出版发行　中国林业出版社

（100009，北京市西城区刘海胡同7号，电话010-83143549）

电子邮箱　cfphzbs@163.com

网　　址　https://www.cfph.net

印　　刷　北京博海升彩色印刷有限公司

版　　次　2024年4月第1版

印　　次　2024年4月第1次印刷

开　　本　710mm×1000mm　1/16

印　　张　9.5

字　　数　175千字

定　　价　88.00元

《姜科观赏植物应用研究》编委会

主　　编　刘　念　冯　莹　林　玲　殷爱华

副 主 编　叶育石　韦美满　盛爱武　刘　珊　高丽霞

参编人员　（按姓氏笔画顺序排列）

许丽珍　李亭潞　张红爱　张施君　张蓝月

周　静　胡淑仪　徐穗青　黄竹君　黄颖颖

寇亚平　熊友华

红姜花 *Hedychium coccineum*

序

FOREWORD

姜科植物作为热带观赏花卉，在东南亚各国早已受到广泛的喜爱，无论是布置于庭园还是盆栽或插花都能产生美好的效果，但在我国主要是作为药用和调料而广为人知。

本书主编刘念教授毕业于华南师范学院（今华南师范大学），后又考入中国科学院华南植物研究所（今华南国家植物园）攻读硕士学位，毕业后留所从事植物分类学研究，一直以姜科植物作为主要研究对象，有一定的野外工作经验和管理姜科专类园的经验，为日后的姜科植物研究打下了坚实的基础。2003 年调任仲恺农业工程学院后，他深感我国虽有丰富的野生姜科花卉植物资源，但缺少开发应用方面的研究，致使大量的姜科美丽花卉资源藏在深山不为人知。刘念教授针对这种情况，组织了以开发野生姜科花卉为目标的研究团队，填补了我国这方面的研究空白。廿余年来，他们脚踏实地做了许多最基础的应用研究，并且取得很多成果。他们的开发研究主要从如何将野生花卉变成家养、引入国外优良品种及传统名花改良三方面入手，进行种质资源收集、鉴定、评价、培育新品种、栽培、繁殖、水培、组培、活性成分提取以及适应市场需求的花期调控等研究。现在他又把他们的研究成果无私地贡献出来和大家共享，这对开发姜科植物资源无疑是一大贡献。千里之行，始于足下，希望将来在大家的共同努力之下，能将国产姜科花卉打造成为一项产业推向市场，为发展国民经济体作出应有的贡献。

著名植物分类学家 吴德邻

2023 年 7 月

大豆蔻 *Hornstedtia hainanensis*

前言

PREFACE

姜科属于单子叶植物，全球52属约1600种，分布于热带、亚热带地区，主产热带亚洲；我国21属约238种，分布于西南至华南地区，主产西南部。姜科植物具有很高的经济价值。我们现在所写的“姜”，繁体字是“薑”，其异体字为“蘁”。

在我国，姜用作调味料可谓家喻户晓，其应用历史悠久。早在春秋时代（公元前770至公元前256年）成书的《论语·乡党》中就已有“姜”的记载。

姜作为药用植物，同样应用历史悠久。在战国时代问世的《管子·地员篇》中就有“姜”作为药用植物的记载。我国东汉时期成书的第一部伟大药物专著、中医四大经典著作之一——《神农本草经》也有“姜”的记载。

众多姜科植物中，远不止姜一种可作药用，在明朝李时珍所著的药学巨著《本草纲目》中记载了益智、砂仁、山姜、高良姜、山柰、廉姜、豆蔻、郁金等多种姜科中药材。目前收录在《中华人民共和国药典》的姜科植物有姜黄、莪术、郁金、益智、草果、草豆蔻、高良姜、红豆蔻、白豆蔻、砂仁、姜、山柰12种；收录在《中国药用植物志》的姜科植物有15属95种。民间使用的姜科草药数目则更多。

不少姜科植物既可食用，也可药用，收录在《国家药食同源目录》（2023年版）的姜科植物有益智、高良姜、草果、姜黄、白豆蔻、砂仁、山柰和姜8种。

近代人们除了利用姜科植物的食用药用价值，还对其观赏、护肤美容、保健等方面的价值越发重视。作为化妆品原料收录在《国家化妆品植物目录》的姜科植物有8属23种，如广西莪术、艳山姜、草豆蔻等。姜科植物普遍具有耐阴性，在近年国家大力发展林下经济中发挥了重要作用，如砂仁、益智、草豆蔻、艳山姜等种植面积达几十万亩。

姜科植物株形美观，花朵多具有鲜艳的色彩和奇特的构造，花苞晶莹多姿、花瓣薄如蝉翼、唇瓣色彩鲜艳、花蕊玲珑多姿，许多种类的花朵还具有沁人心脾的芳香，有些种类的叶片上还具有十分醒目而美丽的斑纹，赏心悦目，在世界其他地区有较多栽培，在世界观赏植物中占有一席之地。但在我国，除了姜花、花叶艳山姜和姜荷花有较多栽培外，其他少见，尚有大量的姜科野生花卉及国外品种等待国人去发掘利用。

姜科植物花卉开发研究，主要从野花变家花、洋花变中花（如姜荷花 *Curcuma alismatifolia* 原产泰国，现已在我国华南和西南地区广泛应用）及传统名花再改造三方面入手，其过程要经历种质资源收集、鉴定、评价、育种、栽培、繁殖以及适应市场需求的花期调控、水培等环节步骤。

本书内容翔实、图文并茂，兼具应用性和科普性。内容共分八章：第一章为姜科植物概述，介绍姜科植物的分类系统、形态特征、种类、地理分布、用途以及中国姜科植物的多样性。第二章至第六章分别介绍姜科观赏植物研发过程中重要环节的应用研究，以主编刘念姜科花卉研发团队 20 余年的研究为实例，涉及种质资源收集、鉴定、评价、育种、栽培、繁殖、花期调控、水培、组织培养以及活性成分的提取等方面的研究技术，实用性强。第七章至第八章分别精选姜科植物 15 属 79 种（含变种、品种）、闭鞘姜科（原属姜科的闭鞘姜亚科）植物 1 属 2 种，介绍其中文名（包括别名、地方名）、学名、主要形态特征、生境与分布及主要经济用途并配照片。本书可供植物学、农学、园艺学、园林学、医药等相关专业的大专院校师生以及有关部门的工作人员及植物学爱好者阅读与参考使用。希望本书的出版能促使姜科花卉成为我国最流行的观赏花卉之一。

本书荣幸地承蒙主编刘念的硕士生导师已 90 岁高龄的吴德邻老先生作序，在此表示衷心感谢！

编　者

2023 年 7 月

目 录

CONTENTS

艳山姜 *Alpinia zerumbet*

第一章

姜科植物概述

一、形态特征

姜科植物为多年生草本（少1年生），陆生（少附生），地下通常具有发达的芳香、匍匐或块状的肉质或半木质的根状茎，从根状茎生出的根有时末端增粗成纺锤形的块根。地上茎［实由叶鞘互相包卷而成的假茎（pseudostem）］高大或矮或无。叶基生或茎生，揉之有芳香气味，通常二列排列，叶片通常为披针形或椭圆形，有多数致密、平行的羽状脉自中脉斜出，叶柄有或无，具有闭合或不闭合的叶鞘，叶鞘的顶端有明显的叶舌。花单生或组成穗状、总状或圆锥花序，生于具叶的茎上或单独从根状茎发出，花两性，通常两侧对称，具苞片，苞片的形状和颜色各异，有的十分鲜艳，具有很高的观赏价值。花被片6枚，2轮，外轮萼片状，通常合生呈管状，一侧开裂或顶端齿裂，内轮花冠状，美丽而柔嫩，基部合生呈管状，上部具3裂片。姜科植物花的最显著的部分并非花冠，而是退化雄蕊，退化雄蕊2枚或4枚，外轮的2枚称侧生退化雄蕊（lateral staminodes），呈花瓣状，内轮的2枚连合成1唇瓣，色彩美丽，成为花中最显著的部分。发育雄蕊1枚，花丝具槽，花药2室；子房下位，顶部有2枚形状各异的蜜腺，中轴胎座或侧膜胎座。果实为室背开裂或不规则开裂的蒴果或肉质不开裂的浆果；种子圆形或有棱角，有假种皮，胚乳白色、坚硬或粉状。

二、分类系统

历史上影响较大的姜科分类系统主要有K. Schumann（1904）系统、J. Holttum（1950）系统和Burtt & Smith（1972）系统。近代学者多采用J. Kress et al.（2002）系统。该系统认为广义姜科中的闭鞘姜亚科不含挥发油，茎有分枝，叶螺旋状排列，应独立为科，并得到分子生物学证据的支持。

J. Kress et al. 系统把姜科分为 4 亚科 6 族：

I. Siphonochiloideae 亚科

仅 Siphonochileae 1 族 *Siphonochilus* 1 属，非洲特有，主要分布于热带非洲和马达加斯加的季节性干旱地区。

II. Tamijoideae 亚科

仅 Tamijieae 1 族 *Tamijia* 1 属 2 种，加里曼丹岛特有。

III. 山姜亚科 Apinioideae

含山姜族 Alpinieae 和 Riedelieae 2 族。

山姜族 Alpinieae 有 16 属，中国有 7 属：山姜属 *Alpinia*、豆蔻属 *Amomum*、茴香砂仁属 *Etlingera*、拟豆蔻属 *Elettariopsis*、大豆蔻属 *Hornstedtia*、偏穗姜属 *Plagiostachys* 和法氏姜属 *Vanoverberghia*。

Riedelicae 族中国无。

IV. 姜亚科 Zingiberoideae

含姜族 Zingibereae 和舞花姜族 Globbeae 2 族 29 属。

姜族有 26 属，中国有 11 属：姜黄属 *Curcuma*、凹唇姜属 *Boesenbergia*、距药姜属 *Cautleya*、姜花属 *Hedychium*、山柰属 *Kaempferia*、直唇姜属 *Pommereschea*、苞叶姜属 *Pyrgophyllum*、喙花姜属 *Rhynchanthus*、象牙参属 *Roscoea*、土田七属 *Stadiochilus*、姜属 *Zingiber*。

舞花姜族有 4 属，中国有 1 属：舞花姜属 *Globba*。

在该系统，有 2 个国产属（大苞姜属 *Caulokaempferia* 和长果姜属 *Siliquamomum*）的分类地位未被确定。

三、种类与分布

全世界有 52 属约 1600 种，分布于热带、亚热带地区，种类多样化中心在热带亚洲。美洲仅有 *Renealmia* 1 属，非洲有 *Aframomum*、*Aulotandra*、*Renealmia* 和 *Siphonochilus* 4 属。在亚洲，姜科植物最北可分布至日本（北纬 33°），海拔最高可分布至喜马拉雅山的 4800 米处。姜科植物大部分生长于热带地区林下湿热的地方，如砂仁属 *Amomum*、茴香砂仁属和山姜属等，但亦有生长于山地林缘或草地的种类，如舞花姜属、姜花属、距药姜属等。而象牙参属则能生长于环境十分严酷的高山地区。中国约21属238种（含变种），主产西南及华南地区，从南海之滨到喜马拉雅山区均有分布。

四、经济用途

（一）药　用

姜科植物被用作药材，具有抗菌、抗癌、抗氧化、抗血栓、免疫、保肝、降血压、镇痛等生理活性。益智仁有强心、抗过敏、抗菌、抗衰老、镇痛等药理作用（冯叔香等，2003）；其挥发油对防治帕金森病有一定意义（黄凌，2008）。姜黄素具有抗病毒、抗氧化、抗肿瘤等作用，姜黄 *Curcuma longa* 的醇或醚提取物有降血脂、抗癌、抗炎、利胆、抗氧化等作用（卢传礼，2012）。

收录在《中华人民共和国药典》的姜科植物有姜黄、莪术 *C. phaeocaulis*、郁金 *C. aromatica*、益智 *Alpinia oxyphylla*、草豆蔻 *A. katsumadai*、高良姜 *A. officinarum*、红豆蔻 *A. galanga*、草果 *Amomum tsaoko*、白豆蔻 *A. kravanh*、砂仁 *A. villosum*、姜 *Zingiber officinale*、山柰 *Kaempferia galanga*12种；收录在《中国药用植物志》的姜科植物有15属95种。民间使用的姜科草药数目则更多。

（二）观　赏

姜科植物大多数种类的花常具香味，其株形、叶、花、果都呈现出丰富的多样性，有的花序艳丽、构型奇特，有的则是苞片艳丽，有的唇瓣形态各异、色泽鲜艳；大多数种类含挥发油，具较强的杀菌力，能净化空气，病虫害相对较少，可通过根茎或珠芽快速扩繁。姜科植物的这些生物学特性、生态习性和生长特点，成为人们开发丰富多彩的新奇特花卉和构建保健型园林的宝库。艳山姜 *A. zerumbet*、红姜花 *Hedychium coccineum*、姜花 *H. coronarium*、黄姜花 *H. flavum*、红丝姜花 *H. gardnerianum*、舞花姜 *Globba racemose*、红球姜 *Zingiber zerumbet* 等都是优良的观赏植物。

（三）调　料

姜、姜黄（咖喱原料之一）、小豆蔻 *Elettaria cardamomum*、山柰、沙姜（盐焗鸡用料）、草果、白豆蔻等都可用作调料。

（四）食　用

包括：蘘荷 *Zingiber mioga*（花序）、红球姜（幼苗）、草果（花、嫩果）、波翅豆蔻 *A. odontocarpum*（果）、九翅豆蔻 *A. maximum*（果及嫩花序）、高良姜（根状茎盐渍、嫩茎）等。收录到《国家药食同源目录》（2023 年版）的姜科植物有益智、高良姜、草果、姜黄、白豆蔻、砂仁、山柰和姜 8 种。

（五）化妆品原料

收录到《国家化妆品植物目录》的姜科植物有 8 属 27 种，如广西莪术 *Curcuma kwangsiensis*、艳山姜、草豆蔻等。

（六）其　他

精油：姜油（外用疏经活络）、莪术油（外用消炎杀菌、烫伤火伤）。色素：姜黄（产黄色天然色素）、波翅豆蔻果实（产蓝色天然色素）。还有砂仁酒、益智酒、益智果、高良姜饮料、干姜等休闲食品（图 1–1）。

世界有 3 大姜科重要作物：姜、姜黄和小豆蔻。

图 1–1　姜科植物产品

五、中国姜科植物的多样性

（一）生态习性多样性

姜科植物的分布，无论是纬度或是海拔的跨度都较宽，在其分布区内具有丰富的生态环境多样性，造就了姜科植物生态习性的多样性。整体而言，姜科植物喜暖喜湿，适宜生长于多种不同的生态环境中，如象牙参属 *Roscoea* 所有种类均生长于海拔 1800~4000 米的高山上，直唇姜 *Pommereschea lackneri*、毛姜花 *Hedychium villosum*、光叶假益智 *Alpinia guangdongensis* 等分布在石灰岩上，黄花大苞姜 *Caulokaempferia coenobialis* 生长在潮湿的石壁上，喙花姜 *Rhynchanthus beesianus* 附生于树干上或石头上，黑果山姜 *A. nigra* 则生于河边湿地上甚至浅水里，姜黄属 *Curcuma* 多数种类喜生于荒地草坡上向阳处；有些种类既可生长于阴暗潮湿处，也可生长在阳光灿烂处，如高良姜。

（二）形态多样性

生态环境的多样性，必然导致形态特征发生一系列变化，呈现出丰富的多样性，其中部分特征对研究姜科植物的演化和分类有着重要的意义。

1. 植　株

姜科植物中有纤小柔弱，高仅 20 厘米左右的黄花大苞姜 *Caulokaempferia coenobialis*、土田七 *Stahlianthus involucratus* 等，也有高达 5 米以上的脆果山姜 *Alpinia globosa*、云南草蔻 *A. raxburghii* 等。姜科植物多数种类具发达且肉质性的根茎，但也有根茎不发达而代之以根粗壮、肉质的类群，如大苞姜属、象牙参属、距药姜属、直唇姜属的种类。有些种类除了肉质性的根茎外，还具肉质性块根，如姜黄属和山柰属的大多数种类及姜属的部分种类。这些根茎和块根为人类提供了食用和药用来源。姜科植物多数种类的植株呈丛生状，但也有少数种类呈散生，如茴香砂仁属和豆蔻属的大多数种类等。根茎与假茎（地上茎）相交是平衡或是垂直，植株是丛生或是散生可作为姜科植物分类的一种依据。如姜花属和喙花姜属的根茎与假茎为平衡相交、山姜属种类多数呈丛生，而砂仁属则多数呈散生等。

2. 叶

姜科植物叶的着生方式有两大类：一类是基生，如姜黄属、山柰属、土田七属、象牙参属等；另一类是着生在明显的假茎上，如山姜属、豆蔻属、大豆蔻属 *Hornstedtia*、姜花属 *Hedychium*、姜属等。叶片多数呈椭圆形至椭圆状披针形，少数线形（如皱叶山姜 *Alpinia rugosa*、偏穗姜 *Plagiostachys austrosinensis*）、近圆形（如山柰）。叶舌有革质的如山姜属、膜质的如姜花属，也有纸质的如姜属。叶柄基部枕状的仅有姜属。

3. 花　序

在姜科植物中，原始的花序着生类型应是顶生类型，如舞花姜族和山姜族的多数种类。而进化的类型应是侧生类型，如姜族和姜黄属的部分种类。有两条理由可资佐证：一是姜科植物中地上假茎木质化程度较高的类群均具顶生花序，如山姜属；二是姜黄属中二倍体种类均是顶生类型花序，如细莪术 *Curcuma exigua*。姜科植物的花序着生类型除上述 2 种外，还有一种介于两者之间的类型，即从假茎中部穿鞘而出的类型，如红苞姜黄 *C. rubrobracteata*、偏穗姜属植物都具此类型花序。有些种类甚至兼具两种花序，如红冠姜 *Zingiber roseum*、广西莪术等。从花序的结构类型来看，姜科植物的多数种类具穗状花序，但也有具总状花序的，如长果姜属；亦有具圆锥花序的，如山姜属；还有个别种类具头状花序，如山柰属的一些种类。

4. 花

花的形态特征是区分姜科植物类群的最重要特征，特别是退化雄蕊的数目、形状、大小、有无；药隔附属体的有无；子房的室数和胎座形式；以及蜜腺的形状、有无；胚珠的着生方式等。如侧生退化雄蕊大而花瓣状的类群有姜族和舞花姜族，侧生退化雄蕊小或缺的类群有山姜族；花药基部有距的类群有象牙参属、姜黄属等，花药基部无距的类群有山姜族、姜族；侧膜胎座的类群有舞花姜族。

侧生退化雄蕊从花瓣状到钻状到缺如，唇瓣从不显著到显著的演变式样似乎反映了姜科植物的系统发育式样。形态各异、色泽鲜艳的唇瓣，分泌蜜汁和芳香气味的腺体足以使姜科植物在荫蔽处能吸引到授粉者。

5. 果

姜科植物的果实均为蒴果，多数为室背开裂或不规则开裂，少数为肉质不开裂而呈浆果状。形状有球形、圆柱形、棒形、卵形或椭圆形等。大小从不足 1 厘米（如小花山姜 *Alpinia brevia*、短柄直唇姜 *Pommereschea spectabilis* 等）到长达 13 厘米（如长果姜 *Siliquamomum tonkinense*）不等，但多数种类为 2~5 厘米。

6. 花　粉

姜科植物的花粉粒多数为球形、椭圆球形，少数为长球形。直径为 36~225

微米，花粉壁属于薄壁型，无萌发孔。

7. 染色体

姜科植物的染色体基数 x=8~25（但多为 9~18，少为 7 或 8）。大多数种类为二倍体，个别为三倍体（如郁金）或四倍体（如广西莪术）。

（三）生长习性

姜科植物均为多年生草本。多数种类为宿根多年生，即冬季时地上部分枯萎，如姜黄属、姜属、凹唇姜属、山柰属、象牙参属等；部分种类为常绿多年生，如山姜属、豆蔻属、大豆蔻属、茴香砂仁属的种类。往往是宿根多年生的类群适应性强，分布较广，如分布在石灰岩、高纬度、高海拔等特殊生境的类群都有这种生长习性。

（四）繁殖方式

姜科植物大多数种类有性繁殖和无性繁殖并重。无性繁殖中除以根茎繁殖为主外，个别种类还兼有珠芽繁殖，如毛舞花姜 *Globba marantiana*，甚至还可能有无融合生殖。有些姜科植物仅有无性繁殖，如姜黄属的部分种类。这些繁殖特性使得姜科植物不但能在阴暗潮湿的森林环境下繁衍后代，而且能在多种特殊生境中繁衍后代。

（五）传粉方式

姜科植物中存在着雌花两性花异株、雄花两性花同株、花柱卷曲性、雄性先熟、自交不亲和等多种性表达方式和花部机制，它们的重要传粉动物包括各种蜂类、天蛾、蝴蝶、鸟类等，不同的传粉动物对应不同的花部特征。姜科植物有一些独特的传粉和繁育机制，如在豆蔻属、山姜属等植物中发现的花柱卷曲性被认为是植物界中一种独特的促进异交的行为机制；又如在黄花大苞姜中发现了植物界中一种全新的花粉滑动自花传粉机制。这些独特的传粉特性大大丰富了我们对姜科植物传粉和繁育系统多样性的认识。

第二章

姜科植物种质资源
引种驯化、分类鉴定及评价

一、引种驯化

农业生产中没有一流的品种便没有一流的效益，花卉生产更是如此，因为花卉是具有很强时令性、新颖性、奇特性、文化性的产品，决定了新品种不仅是最主要的生产资料，而且也是决定花卉产品竞争力的基本要素。没有一流的品种就不会有一流的产品，就没有领导花卉潮流的能力，就难以获得由新品种带来的高额利润，更不会有一流的效益（李凡，2002）。

种质资源是生物多样性的重要组成部分，是地球上极为重要的财富，是人类赖以生存和发展的物质基础。它不仅为人类的衣食及健康提供了物质保障，而且为选育新品种和开展生物技术研究提供了取之不尽的基因源。种质资源是生物品种改良工作的物质基础，育种目标能否实现，首先取决于育种者所掌握种质资源的数量及其质量。对专科、专属或专类花卉种质资源的全面收集和系统研究，则是花卉新品种培育工作深入开展必不可少的前提（陈俊愉，1995，2005）。种质资源的收集保存在世界上已被提到“一个基因可以改变一个国家的命运”和“谁拥有丰富的基因谁就可以主宰未来”的高度来看待（许再富，2000）。

引种驯化是人类为了满足自身的某种需要，从外地或外国引进本地或本国没有的植物物种或品种，经过驯化培育，使其成为本地或本国的栽培物种或品种的过程。

长期以来，人们在大量引种实践的基础上，提出了 20 多种引种驯化的理论学说。如达尔文学说、气候相似论，并行植物指示法、嫁接法，米丘林学说，栽培植物起源中心学说，植物地理学差示法，专属引种法，生态历史分析法，优势种引种法，区系发生法及生态相似法等。针对不同的引种对象，要综合运用不同

理论学说制定出相应的引种原则。

（一）引种原则

（1）不同的姜科植物生长于不同的生态环境。国内引种姜科植物的经验表明，气候相似性理论较适用于姜科植物的引种。

（2）从相似生态环境的国外或国内其他地区引种成功的概率高。可遵循“由近及远、由易到难”的原则。“由近及远”，即从本地到外地，从国内到国外。引种本地姜科植物，只要掌握其生态环境，注意其栽培技术即可，既省时又经济。不同生态地区的姜科植物，有些种适应范围较广，有些种类通过驯化能适应新的环境，都可以考虑引种，还有一些种类可采用温室等保护性栽培进行引种。至于从国外引种，由于涉及检疫、报关等多个方面，引种成本高。因此，为了提高引种成功率，最先考虑的是引种同一生态地区的姜科植物。“由易到难”是指先引种分布广、容易栽培的种类，再引种一些稀有、难繁殖栽培的种类。

（3）引种前查找有关资料，明确要引种的种类，了解引种种类的形态、生长环境与生长习性。对不了解的种类开始时只能少量引种，在取得一定的成功经验后再大量引入。

（二）引种方式与方法

1. 种子采集与贮藏

姜科植物的果实大多数极易开裂，采集其果实实际上是采集种子。采集种子时，要注意种子的成熟程度在九成以上。野外采集时先用吸水纸吸干水分和黏液，洗去假种皮阴干后装入纸袋中，切忌火烤或烈日下暴晒。采集后，进行编号，注明其种名和采集地，带回驻地自然风干，并及时（最好 5 天之内）通过邮寄或直接带回的方式引入引种地进行播种繁殖。种子采集阴干后，常温下不宜贮藏，有条件的可置于 10℃的冷柜中保存半年。

采用种子进行引种的优点是采集携带方便，易适应引入地的环境，播种成苗后大多能生长良好。较大数量的采集也不会影响生态群落的改变和破坏资源。缺点是不同种类的种子成熟期不同，给采集带来较大不便。另外，种子从播种到成苗需要的时间较长，也是一个不利因素。

2. 引种根茎

姜科植物几乎所有种类都有发达的根茎，因此引种根茎是引种姜科植物的主要方式。

对于具休眠习性的种类，如姜属 *Zingiber*、象牙参属 *Roscoea*、姜黄属 *Curcuma*、山柰属等的姜科植物，引种根茎的最佳时间是在植株的休眠期，这时采集的根茎既耐贮藏，而且成活率高，不足之处是在野外采集时不易鉴定种类。其他季节采集的根茎最好能消毒以防腐烂，以春季采集的好于夏秋两季的。

对于常绿丛生种类，如山姜属、大豆蔻属、姜花属，全年皆可进行活体引种，以每年 3~9 月为最佳时间，这时候是大多数姜科植物（包括休眠习性的种类）的花期，少数种类的花期在 12 月至翌年 2 月，如广西姜花 *Hedychium kwangsiense*、矮姜花 *H. brevicaule*、毛姜花等，此时引种既容易观察记录花果特征以利于物种鉴定，也容易引种成活。

野外活体引种时，要选取健壮无病虫害的植株，以保留 3~5 株（实为假茎）为一丛进行挖取。对于常绿散生种类，如豆蔻属 *Amomum*、茴香砂仁属的部分种类，则可单株挖取。挖取常绿种类时应从离地面约 30 厘米处把假茎剪断，即保留 30 厘米假茎，这样较耐贮运，且可以提高成活率。对于休眠种类，如姜属、姜黄属、山柰属，以整丛来挖取，把假茎从地面处剪断，挖取时尽量不要伤及根茎。挖出地下根茎后，宜把所有须根去掉，但对于象牙参属那样根茎不发达而肉质根发达的种类则应保留，把泥土冲洗干净阴干后装袋，对肉质性根茎可不保湿，对半木质的宜保湿。

3. 引种珠芽

有些姜科植物花序上长有珠芽，如毛舞花姜、双翅舞花姜 *G. schomburgkii*、红苞山姜 *Alpinia purpurata* 等。采集珠芽时注意采集成熟饱满的珠芽并做保湿处理后才装袋。

无论引种什么材料，都要对每个引种对象进行挂牌编号，尽量详细记录采集时间、地点、引种部位、海拔、生境、中文名、学名、别名、主要形态特征、生长习性、用途等信息，并对花、果、植株、群体、生境等进行拍照。建立详细的引种档案。

采集的活体材料经消毒检疫后，播种在盆中。种植根茎的基质由沙壤土、泥炭土（1:1）组成；撒播种子或珠芽的基质由 7 份细沙和 3 份泥炭土组成，也可在林下或荫蔽树下选择土壤结构疏松、有机质丰富且土层深厚的地方作苗床，株行距可视植物个体和计划留苗的时间而定，点播或条播均可。盆苗先放置在阴棚，待长出 3~5 片叶后，依据植物需光性、亲水性等生物特性，采取遮阴或露天的栽培方式种植于田垄间。若选择长期盆栽，盆内的基质宜由泥炭土 40%（pH 5.6 左右）、直径 2~3 厘米的塘泥 30%、直径 3~5 毫米的蛭石 10%、稻壳炭 5%、火山石

5%、河沙 10% 混合组成。定植后每天浇透水 1 次，早春和 9 月各施肥 1 次，具体视天气和植株生长情况而作调整。日常及时防治病虫害，并做好物候记录。

影响姜科植物引种成活率的主要因子是气候，在珠三角这种高温高湿同期的地区引种野生姜科植物，应以中低海拔的热带亚热带地区为引种重点地区，这一地区以山姜属、豆蔻属、姜花属和姜黄属的种类最多。

二、黄姜花复合体的分类鉴定

种质资源研究的最终目的是科学合理地利用种质资源，而鉴定评价是合理利用的依据。对种质资源的鉴定，最重要也是最为基础的鉴定是对物种或品种进行分类学鉴定。目前，传统的形态分类依然是分类学的基础。

黄姜花复合体的种类都具有较高的观赏价值，运用传统的形态分类法可对它们进行较好的分类鉴定。

（一）分种检索表

1. 有果：

  2. 株高 1 米以下；叶舌圆弧形；侧生退化雄蕊椭圆状披针形……………………………………………………………………1. 德邻姜花 *Hedychium delinanum*

  2. 株高 1 米以上；叶舌披针形；侧生退化雄蕊镰状披针形 ……………………………………………………………………2. 黄姜花 *H. flavum*

1. 无果：

  3. 唇瓣 2，深裂至基部；侧生退化雄蕊镰状披针形 ……………………………………………………………………3 . 深裂黄姜花 *H. bipartitum*

  3. 唇瓣 1，2 浅裂；侧生退化雄蕊椭圆状披针形 ……………………………………………………………………4. 黄白姜花 *H. chrysoleucum*

（二）分种描述

1. 德邻姜花（待发表）

学名：*Hedychium delinanum* Z. J. Huang & N. Liu，sp. nov.。

形态特征：多年生草本，假茎纤细直径 0.8~1.2 厘米，茎高 0.45~0.56 米，根茎匍匐，细长。叶片卵形或长圆形，长 25~35 厘米，宽 6.5~7.5 厘米，顶端长渐尖，基部渐尖至凹形，腹面浅绿色，无毛，背面略带绿色，疏被绢丝状柔毛。

叶舌膜质，长椭圆形，长 3~4.6 厘米，顶端半圆，外侧无毛。穗状花序顶生，球果状，椭圆形。苞片在小花开放前覆瓦状排列，在小花开放后花序上半部的苞片变为卷筒状、卵形至长卵形，绿色，长 5~6 厘米，宽 1.5~1.8 厘米，表面光滑无毛，顶端边缘膜状。每一苞片内有小花 4~6 朵。小苞片卵状三角形或披针形，浅绿色偏透明，长 2~4 厘米；花黄色，淡香；花萼管长 3.8~4.2 厘米，膜质，淡绿色；花冠管奶白色，长 6.5~7.5 厘米，裂片线形，内卷，黄色，无毛，长 3.8~4.3 厘米；侧生退化雄蕊椭圆状披针形，长 4.2 厘米，宽 2 厘米，黄色；唇瓣心形，主要颜色为白色，浅裂或中裂，表面有皱褶，基部匙形；花丝长约 3.6 厘米，橙黄色；花药长约 1.3 厘米，橙黄色。蒴果长 3.8 厘米，宽 1.2 厘米，假种皮红色。花期 5 月至翌年 2 月。染色体数目 $2n$=34。

分布：本种由厦门植物园栽培，引自西双版纳。

标本引证：厦门植物园刘雪霞 4246。

本种株高 1 米以下、叶舌圆弧形而易与其他近缘种相区别。

2. 黄姜花（《中国植物志》）

学 名：*Hedychium flavum* Roxb.，Hort. Beng. 1.1814；K. Schum. in Engl. Pflanzenr. 20（IV.46）：45.1904；Hook f. in Curtis's Bot. Magaz. 58. t. 3039. 1832；吴德邻等，《中国植物志》16（2）：26.1981，pr.min. p.quoad specim. *Hedychium panzhum* Z. Y. Zhu，in Acta Bot. Yunnan 6（1）：63. Fig. 1（1~2）. 1984.—— Syn. nov. e descr. et Fig.。

形态特征：假茎高 1.5~2.0 米。叶片长圆状披针形，长 25~45 厘米，宽 5~8.5 厘米，基部渐尖，叶背中脉被褐色长柔毛，叶背其余被白色长柔毛。穗状花序顶生；苞片在花前花后均呈覆瓦状排列，长圆状卵形，小花 5~7 朵。花黄色，气味辛香。花萼管状，长约 6 厘米；花冠管纤细；裂片线形，黄色；侧生退化雄蕊镰状披针形，长 4 厘米，宽 8 毫米；唇瓣黄色，倒心形，基部成短爪，顶端 2 裂；花丝长 3 厘米，花药长约 1.5 厘米。蒴果长 4.5 厘米，宽 1.8 厘米，假种皮红色。花期 9~11 月。染色体数目 $2n$=68。

分布：重庆（江津），四川（米易、普格、雷波、金阳、沐川、乐山、峨边、峨眉、夹江、洪雅、雅安、天全），西藏（墨脱），云南（贡山、洱源）。印度、越南、马来西亚至澳大利亚亦有分布。生于山坡林下及山谷潮湿处。海拔 500~2200 米。

模式：Natural History Museum（BM），BM000958140。

标本引证：云南：独龙江考查队 1466，419，179，3250，3400（KUN）；林芹 790825（KUN）；邱柄云 61036（KUN）；闫建勋 262，266（IBSC）；毛品一

2632（IBSC）；秦仁昌 24537（IBSC）；刘慎谔 22487（IBSC）；贵州：滇黔桂区系队 50223（KUN）；黄竹君等 19006（IBSC）；重庆：黄竹君等 18002（IBSC）；四川：祝正银 1487、1489（四川省中药学校，1487 模式已丢失）；杨亚滨 236（IBSC）；熊济华等 33606（IBSC）；川经植 5444（PE）；关克俭、王文采等 3514（PE）；于子文 222（GYBG）；黄竹君等 19007（IBSC）；广西：陈少卿 16294（IBSC）；华南队 1821（IBSC）；邓云飞等 15295（IBSC）；陈少卿 16294（IBK）；黄宝优等 451026141012063LY（GXMG）；黄竹君等 19003（IBSC）；西藏：青藏队 74~4148（IBSC）；倪志诚 0605（IBSC）；李勃生等 07123（PE）。

本种侧生退化雄蕊镰状披针形，苞片在小花开放前后均呈覆瓦状排列，花香药辛型而易与其他近缘种相区别。

3. 深裂黄姜花（《广西植物志》）

学名：*Hedychium bipartitum* G. Z. Li。

形态特征：假茎高 1~2 米，直径 1~3 厘米，叶片矩圆状披针形，长 20~50 厘米，宽 4~10 厘米，叶背被柔毛，基部渐窄，顶端尾状渐尖。叶鞘、叶舌、苞片均有长柔毛，叶舌膜质，穗状花序顶生，苞片覆瓦状排列，卵形或长卵形，边缘膜质状，每一苞片有 4~6 朵小花，花黄色，一侧深裂。花萼管状，有毛，先端一边开裂；花冠管淡黄色，侧生退化雄蕊倒披针形，长 4 厘米，宽 8 毫米，基部具红色腺体 1 枚；唇瓣阔倒心形，黄色，2 深裂至基部，裂片近圆形；花丝长 4 厘米，花药长 1.6 厘米；子房 3 室，上半部外侧密被绢丝状柔毛，果未见。花期 8 月。

分布：栽培于广西桂林，雁山，海拔 180 米。分布于桂林雁山。

模式：李光照 11795，存于桂林雁山广西植物研究所标本室，1983 年采于桂林雁山栽培株。

标本引证：李光照 12097；12098；12317。

本种唇瓣阔倒心形，深裂至基部易与其他近缘种相区别。

4. 黄白姜花（《云南植物志》）

异名：峨眉姜花。

学名：*Hedychium chrysoleucum* Hook in Curtis's Bot. Magaz. 76. t. 4516.（1850）；K. Schum. in Engl. P flanzern. 20（IV. 46）.（1904）；Holttum in Gard. Bull. Singap. XIII. 74.（1950）；*Hedychium coronarium* Koen. var. *chrysoleucum* Bak. in Hook. F. FL. Brit. Ind. 6: 226. 1892；*H. flavum* auct. non Roxb.；*H. emeiense* Z. Y. Zhu，in Acta Bot. Yunnan 6（1）: 65. Fig. 1（3~4）.（1984）——Syn. nov. e descr. et Fig.。

形态特征：假茎高 1~2 米。叶片椭圆状披针形或披针形，长 20~50 厘米，宽 4~10 厘米，叶背被柔毛，基部渐窄，顶端尾状渐尖。叶鞘、叶舌、花序轴、苞片均有长柔毛，叶舌膜质，穗状花序顶生，苞片在小花开放前覆瓦状排列，在小花开放后花序上半部的苞片变为卷筒状排列，呈宽卵形或倒卵圆形，边缘膜质状，每一苞片有 3~5 朵小花，花黄色或黄白色，花萼管状，膜质，先端一边开裂；侧生退化雄蕊椭圆状披针形，长 3.5~5 厘米，宽 1.2~1.7 厘米，边缘常具浅波齿状；唇瓣卵圆形，黄色或黄白色，中间有橙黄色斑块，先端稍裂或 2 浅裂；花丝长 3.5~4.7 厘米，橙黄色，花药室长 1.2 厘米。无果。花期 7~12 月。染色体数目 $2n=51$。

分布：云南（屏边、勐腊、马关、景洪、漾濞），广西（南丹、天峨、凌云、田林、隆林），四川（普格、金阳、雷波、沐川、乐山、峨边、峨眉、夹江、洪雅、雅安、天全）。印度亦有分布。生于沟边或乔灌木林下阴湿处。

模式：Hook.，Bot. Mag. t.4516.1850.。

中名来源：种加词 chrysoleucum 意指黄白色，符合唇瓣的颜色特征，故本种中文名为黄白姜花是合适的。

标本引证：云南：李延辉等 00254（IBSC）；童绍全等 32985（IBSC）；黄竹君等 18001（IBSC）；四川：黄向旭 025（IBSC）；祝正银 1488（四川省中药学校）；高信芬等 HGX10763（CDBI）；天峨调查队 4~6~561（GXMI）；南丹调查队 4~5~705（GXMI）；胡秀 044（IBSC）；张吉林 378001（KM）；朱淑华 1494，02632（KM）、陈少卿 16294（KM）；毛品一 02632（IBSC）；裴盛基 59~9988，791140（KM）；余宏渊、孙航 81442（KM）；黄正仙 38906（KM）；黄竹君等 19004、19005（IBSC）。

本种以花兰香型、不育而易与其他近缘种相区别。

2000 年吴德邻把峨眉姜花的学名定为 *H. flavescens* Carey.，把 *H. emeiense* Z. Y. Zhu 作为异名。我们连续 3 年 5 次在峨眉山调查均未发现峨眉姜花的果实，而 *H. flavescens* Carey. 是育种的重要亲本，是能结实的，因而不支持吴老的观点。

三、具有无融合生殖的姜黄属植物

无融合生殖 (apomixis) 是可代替有性生殖、不发生雌雄配子核融合的一种无性生殖方式。在同一个种中，往往有性生殖和无融合生殖可以同时存在。同一种植物可以在某一地区进行有性生殖，而在世界其他地区进行无融合生殖。

无融合生殖可以保持与母本完全相同的基因型，可固定杂种优势，具有很高的开发价值。

现代学者都认为姜黄属的染色体基数 $x=21$，而我们在 3 个 $2n=63$，即三倍体的种类中发现能结种子，认为它们是无融合生殖种子，因为许多学者把植物的杂种性和多倍性确定为无融合生殖的重要影响因素，他们认为植物的无融合生殖特性与其倍性水平间存在特殊的关系，一般高倍体进行无融合生殖，而低倍体则进行有性生殖。

1. 姜　黄

本种的染色体数国外学者报道的以 $2n=63$ 为主，但也有 $2n = 32$，62，64 的报道，国内学者陈忠毅和本书主编刘念，均报道为 $2n=63$。经考证，从唐朝初期至明朝早期的药材“郁金”的基原植物为 *C. longa* 的根茎（王艺涵等，2020），这一时期的本草，如《新修本草》《本草拾遗》《本草图经》《开宝本草》《本草纲目》《本草原始》等，均有不结实的描述。新中国成立以来，从《海南植物志》《中国植物志》到各地方植物志，再到《中国迁地栽培植物志 · 姜科》等书籍，对本种的描述均是不结实。

2014 年发现 2013 年从云南西双版纳引种在仲恺农业工程学院钟村教学实习农场栽培的植株能结种子（图 2–1）。

图 2–1　姜黄结种

2. 川郁金

本种是中国特有种，陈秀香于 1984 年发表，其描述有种子，材料引自四川。陈娟报道引自云南勐海的本种染色体 $2n=63$，并报道未见种子。在《中国植物志 · 姜科》英文版记述有种子，在《中国迁地栽培植物志 · 姜科》一书中亦记载有种子，但记述染色体 $2n=63$。

2014 年发现 2013 年从云南西双版纳引种在仲恺农业工程学院钟村教学实习农场栽培的植株能结种子（图 2–2）。

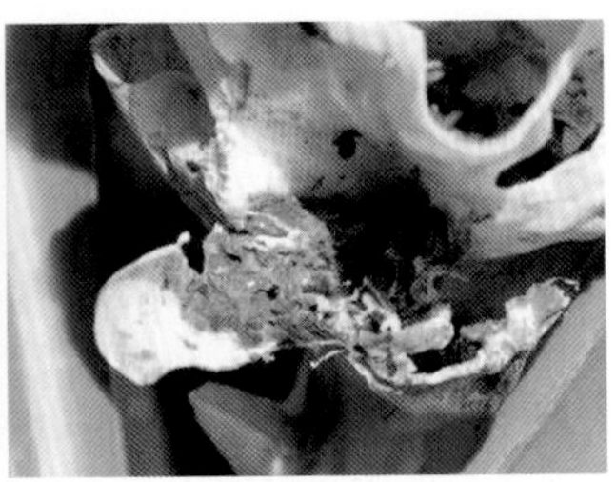

图 2-2　川郁金结种

3. 顶花莪术

在《中国植物志・姜科》中记载其染色体 $2n$=63。刘念发表本种时描述未见果实，其后陈娟、叶育石对本种的描述也是未见果实。

2009 年 7 月将采自云南西双版纳的本种在仲恺农业工程学院钟村教学实习农场栽培，于 2013 年 8 月时发现本种结实（图 2-3）。

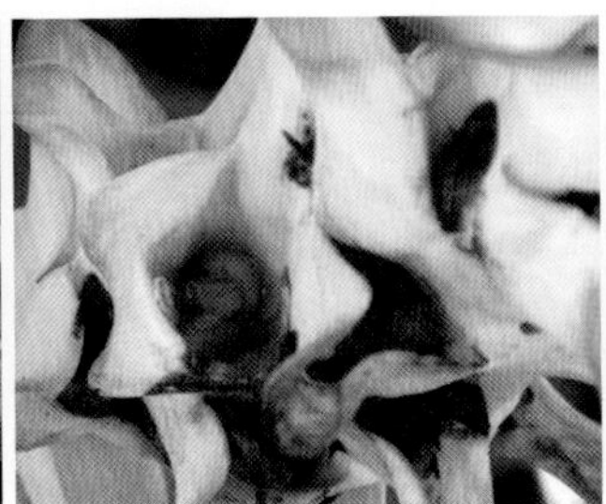
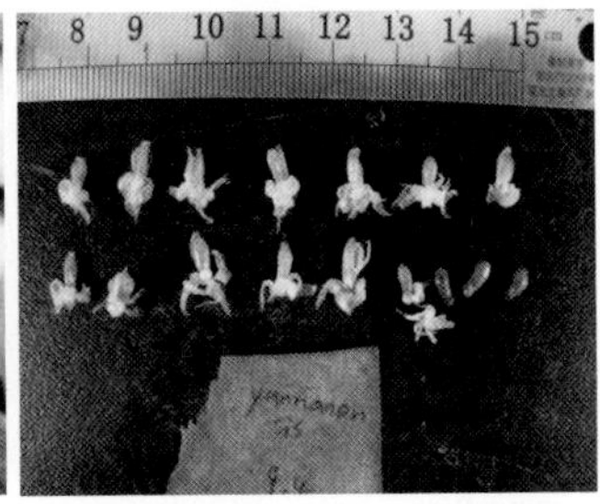

图 2-3　顶花莪术结种

四、姜科花卉资源观赏特点和经济用途

对 84 种姜科植物 * 的观赏特点和经济用途的分析表明，姜科花卉种质资源的观赏特点主要是可作切花、盆花和庭园绿化，前者有 47 种（其中有 12 种为香型切花），盆花有 45 种（其中 5 种为香型盆花），后者有 35 种。可供药用的有 51 种，占总数的 60.7%；可提取精油的有 23 种，占 27.3%；可做化妆品原料的有 13 种，占 15.5%；可供食用的有 11 种，占 13.1%。其中，高良姜、益智、姜黄和山柰为药食同源，还有少数种类具有香料、调料、染料、水体净化等用途。具有 3 种以上经济用途的有 14 种，它们是红豆蔻、高良姜、益智、艳山姜、姜黄、广西莪术、莪术、印尼莪术 *C. zanthorrhiza*、小豆蔻、白姜花 *Hedychium*

* 本节的姜科植物系采用中文版《中国植物志》16 卷 2 分册的姜科分类系统统计。

coronarium、黄白姜花、黄姜花、草果药 *H. spicatum* 和山柰（表 2-1）。可见，姜科花卉资源具有多用途的特点。

表 2-1　姜科花卉资源的观赏特点和经济用途

序号	种名	学名	观赏特点	经济用途
1	距花山姜	*Alpinia calcarata*	庭园绿化	精油
2	红豆蔻	*A. galanga*	切花观果、庭园绿化	药用、化妆品、食用
3	升振山姜	*A. guinanensis* × *A. henryi*	切花、庭园绿化	
4	小草蔻	*A. henryi*	庭园绿化	药用
5	山姜	*A. japonica*	盆花	药用、化妆品
6	草豆蔻	*A. katsumadai*	庭园绿化	药用、化妆品
7	毛瓣山姜	*A. malaccensis*	庭园绿化	药用
8	黑果山姜	*A. nigra*	庭园绿化	药用、净化水体
9	华山姜	*A. oblongifolia*	盆花	药用、化妆品
10	高良姜 *	*A. officinarum*	切花	药用、化妆品、食用
11	益智 *	*A. oxyphylla*	庭园绿化	药用、食用
12	宽唇山姜	*A. platychilus*	庭园绿化	药用、香料
13	花叶山姜	*A. pumila*	盆花观叶	药用
14	四川山姜	*A. sichuanensis*	庭园绿化	药用
15	艳山姜	*A. zerumbet*	切花、庭园绿化	药用、化妆品、食用
16	白斑凹唇姜	*Boesenbergia albomaculata*	盆花观叶	药用
17	凹唇姜	*B. rotunda*	盆花观叶	药用
18	玫瑰闭鞘姜	*Costus barbatus*	切花、庭园绿化	食用
19	闭鞘姜	*C. speciosus*	切花、庭园绿化	药用
20	光叶闭鞘姜	*C. tonkinensis*	庭园绿化	药用
21	火红闭鞘姜	*C. woodsonii*	盆花、庭园绿化	
22	姜荷花	*Curcuma alismatifolia*	盆花、切花	精油

（续）

序号	种名	学名	观赏特点	经济用途
23	味极苦姜黄	*C. amarissima*	盆花、切花	药用
24	郁金	*C. aromatica*	盆花、切花	精油
25	彩虹郁金	*C. aurantiaca*	盆花、切花	
26	春秋姜黄	*C. australasica*	盆花、切花	药用、精油
27	毛女王郁金	*C. cordata*	盆花、切花	
28	大莪术	*C. elata*	切花、盆花、庭园绿化	药用、精油
29	广西莪术	*C. kwangsiensis*	盆花、切花	药用、精油、化妆品
30	南岭莪术	*C. kwangsiensis* var. *nanlingensis*	盆花、切花	药用、精油
31	姜黄 *	*C. longa*	切花	药用、精油、食用、化妆品、调料
32	南昆山莪术	*C. nankunshanensis*	盆花、切花	精油
33	女王郁金	*C. petiolata*	盆花、切花	
34	橙苞郁金	*C. roscoeana*	盆花、切花	
35	红火炬	*C. petiolata* 'Red Torch'	盆花、切花	精油
36	莪术	*C. phaeocaulis*	盆花、切花	药用、精油、化妆品
37	红柄郁金	*C. rubescence*	庭园绿化	精油
38	川郁金	*C. sichuanensis*	切花	药用、精油
39	瑞丽莪术	*C. ruiliensis*	盆花、切花	
40	温郁金	*C. wenyujin*	盆花、切花	药用、精油
41	英德莪术	*C. yingdeensis*	盆花、切花	
42	顶花莪术	*C. yunnanensis*	切花	精油
43	印尼莪术	*C. zanthorrhiza*	盆花、切花	药用、精油、食用、调料
44	高大莪术	*C.* sp.	盆花、切花	
45	小豆蔻	*Elettaria cardamomum*	香型盆花观叶	药用、精油、香料、食用
46	峨眉舞花姜	*Globba emeiensis*	盆花	药用

（续）

序号	种名	学名	观赏特点	经济用途
47	双翅舞花姜	*G. schomburgkii*	盆花	药用
48	威尼替舞花姜	*G. winitii*	盆花	
49	碧江姜花	*Hedychium bijiangense*	切花、庭园绿化	药用
50	矮姜花	*H. brevicaule*	香型盆花	药用
51	红姜花	*H. coccineum*	切花、庭园绿化	药用
52	白姜花	*H. coronarium*	香型切花、庭园绿化	药用、精油、化妆品、食用、净化水体
53	黄白姜花	*H. chrysoleucum*	香型切花、庭园绿化、香味优雅	药用、精油
54	密花姜花	*H. densiflorum*	盆花	药用
55	黄姜花	*H. flavum*	香型切花、庭园绿化	药用、精油、食用
56	圆瓣姜花	*H. forrestii*	香型切花、庭园绿化	药用
57	金姜花	*H.* sp.	香型切花、庭园绿化	
58	广西姜花	*H. kwangsiense*	香型盆花	精油、药用
59	长瓣裂姜花	*H. longipetalum*	切花、庭园绿化	
60	勐海姜花	*H. menghaiense*	切花、庭园绿化	
61	肉红姜花	*H. neocarneum*	切花、庭园绿化	
62	普洱姜花	*H. puerense*	庭园绿化	药用
63	思茅姜花	*H. simaoense*	庭园绿化	
64	小花姜花	*H. sinoaureum*	盆花	药用
65	草果药	*H. spicatum*	盆花、庭园绿化	药用、精油、化妆品
66	毛姜花	*H. villosum*	香型切花	药用
67	小毛姜花	*H. villosum* var. *tenuiflorum*	香型盆花、香味优雅	药用、精油
68	滇姜花	*H. yunnanense*	切花、庭园绿化	药用
69	德邻姜花	*H.* sp1	香型盆花	
70	小红姜花	*H.* sp2	盆花	

（续）

序号	种名	学名	观赏特点	经济用途
71	红茎姜花	*H.* sp3	盆花、庭园绿化	
72	拟肉红姜花	*H.* sp4	切花、庭园绿化	药用
73	泰国姜花	1*H.* sp5	香型切花、庭园绿化	
74	泰国姜花	2*H.* sp6	香型切花、庭园绿化	
75	墨尔本姜花	1*H.* sp7	香型切花、庭园绿化	
76	墨尔本姜花	2*H.* sp8	香型切花、庭园绿化	
77	山柰 *	*Kaempferia galanga*	盆花	药用、调料、化妆品、食用
78	海南三七	*K. rotunda*	盆花	药用
79	黄花大苞姜	*Caulokaempferia coenobialis*	盆花	药用
80	喙花姜	*Rhynchanthus beesianus*	盆花	药用
81	藏象牙参	*Roscoea tibetica*	盆花	药用
82	土田七	*Stahlianthus nvolucratus*	盆花	药用
83	泰国红球姜	*Zingiber nulens*	切花	化妆品
84	红球姜	*Z. zerumbet*	切花	药用、化妆品、食用

注：高良姜、益智、姜黄、山柰均为药食同源。

第三章

姜科花卉新品种培育

一、姜花属花卉杂交育种

利用野生花卉种质资源通过杂交育种手段提高商品花卉的品质是野生花卉开发的主要途径。当今世界丰富多彩的月季 *Rosa* spp.、山茶 *Camellia japonica*、杜鹃 *Rhododendron* spp. 品种都是利用我国一些野生种杂交后通过优选培育得到的。

（一）亲本选择及性状搭配

亲本首先要选择适应性强、抗性强，尤其是能抗姜瘟病、自然结实率高、育性强的种，白姜花成为首选的亲本。姜花属虽然种间杂交比较容易成功，但亲本间的亲缘关系最好不过于远缘，也不过于近缘。

姜花属植物的花序一般有两种：一种为苞片卷筒状排列，这种花序一般较长，观赏性较差；另一种为苞片覆瓦状排列，这种花序观赏性也较差。当两种花序的种杂交后，其后代的苞片往往会呈较短而紧密的卷筒状排列，或上部苞片卷筒状而下部苞片覆瓦状排列，使得花序更有层次感和观赏性。因此，在进行亲本选择时，首先要从苞片排列方式上进行选择。

其次，姜花属作为一种香型切花更显示出其开发价值。香气作为一种数量性状，不但可以在后代得到遗传，而且可以分离出丰富的香气类型，所以，用于杂交的亲本至少有一个要具有香气。

此外，该属花的颜色绚丽多彩，根据育种目标需要进行合理的色彩搭配是获得优良后代时所必须考虑的。

运用亲本选择及性状搭配原理，以白姜花为母本、金姜花为父本杂交成功培育出的‘黄金Ⅰ’姜花。它与母本白姜花相比，在香味上，香气变淡，使得白姜花香气过于浓烈的缺点得以改善；花序由纯白色变为灿烂的金黄色；小花变小、花冠管变短、苞片从覆瓦状变为卷筒状，改变了白姜花花朵过大、花冠管过长造成的头重脚轻的状况；瓶插期达5~7天，比白姜花的2天大大延长。与父本金姜花相比，抗姜瘟病大大提高；丰产性提高；花期延后1个月；花丝变短、侧生退化雄蕊变宽、苞片排列趋于紧凑、唇瓣瓣柄缩短。‘黄金Ⅰ’姜花各部分的形态和大小比例比父本和母本更协调、更优美（图3–1）。

图3–1 ‘黄金Ⅰ’姜花及母本、父本

注：左为母本白姜花；中为‘黄金Ⅰ’姜花；右为父本金姜花。

（二）杂交方法

1. 母本去雄

8月下旬，姜花属植物开始进入盛花期，选择气温约25℃、天空多云晴朗无风的下午4:00~6:00，挑选生长健壮、无病虫害、花器官发育正常并具有本物种典型特征的植株作为杂交亲本材料，在还没有一朵小花开放的花序上选择花蕾已长大、第2天可开放的花朵，用左手拇指与食指轻轻夹持花的基部，右手轻轻逆着花瓣包裹的方向将花蕾剥开，用拇指和食指轻轻捏住花药的底部向上将花药全部剥离花丝，用硫酸纸套袋进行隔离，并及时挂上标签，注明母本的名称、去雄花数及去雄时间。如果去雄过程中弄破花药需及时用70%的酒精对手进行消毒处理，防止植株自交。当一个材料去雄结束后，将手和去雄工具用70%的酒精进行消毒处理，然后再对下一个材料继续去雄。

2. 采集花粉

选择父本植株的雄蕊（花药未开裂的或者开裂呈粉状、黏液状）放入贮粉盒里，贴上标签，注明品种、采集日期和采集时的花粉状态，并迅速置于盛有氯化钙或变色硅胶的干燥器内。一般随采集随使用。采集不同的花粉，需用70%酒精消毒对贮粉盒和手进行消毒处理，防止花粉交叉污染。

3. 杂交授粉

选择气温约 25℃、天空多云晴朗无风的早上 8:00~10:00 时段，按照设计的不同杂交组合，将母本花瓣打开，用医用棉签蘸父本的花粉轻轻涂抹在母本柱头上，棉签只用 1 次，防止花粉混杂；或者直接将父本的花药（已经散粉）轻轻在母本柱头上涂抹。授粉后立刻套袋，并进行挂牌标记，在标签上加注父本名称、采集时的花粉状态、授粉时间、授粉人及授粉花数，然后用硫酸纸套袋来隔离。之后每隔一天检查一次苞片内是否有其他小花开放，并及时去掉将开的小花蕾，并观察母本子房的发育情况。生育期间注意肥水的管理、病虫害的防治。

4. 收集种子

在授粉后 5~8 天，当母本花瓣萎蔫，柱头变为浅褐色并稍干枯萎蔫时摘袋。平时浇水、施肥、打药，尽量避免把水洒在母株的花序上。同时，进行杂交结果率调查，如子房膨大，表明已受精；子房萎蔫变褐则表明没有受精。之后加强母本杂交种株的田间栽培管理，及时摘除没有杂交的花和果。当杂交果实膨大到一定程度由绿色开始转黄时，种子接近成熟，此时可用网袋将其套住，防止果实自然崩裂，造成种子遗失。待果实开裂后及时采收，采收后及时去除假种皮，立刻播于湿润的花盆土中（如果外界气温过低，要转至 28℃的温室中）。可在黑暗条件下进行种子萌发，然后在种子露根后转移到光照条件下，这样既可以提高种子的萌发速率又可以育成壮苗。幼苗长至 15 厘米左右，外界温度稳定在 20℃左右时，移栽大田。

（三）杂交后代栽培管理

1. 穴盘育苗

开春温度较低，姜花属种子萌发的适宜温度为 25~30℃，育苗主要在温室大棚内采用穴盘育苗。

将泥炭土与河沙按照 1∶1 的比例混合后，在太阳下暴晒一天杀菌。泥炭土能有效地保水并提供幼苗前期的部分营养，沙土能够保证基质的透气性，提供种子所需养分，防止种子发霉腐烂。

播种前将种子放在温水中浸泡 1 小时。撒播在穴盘（4 行 8 列共 32 个穴，穴宽 2.5 厘米，高 4 厘米）中，每穴播 2~3 粒。先将混合基质填充到穴的 2/3 处放入种子，后再覆盖基质至穴盘口（浇水后基质面会下降）。播种完后浇水淋透。

种子在萌发过程中每天早晚各浇水一次，保持基质中充足的水分。大棚中午可适当通风，增加空气的流动性。在幼苗长出第二片真叶时，每 3 天需适量地增施一些稀薄的水肥，以保证幼苗的营养供应，防止缺素造成黄苗、死苗。

2. 幼苗期土壤选择及整地

栽培姜花属植物一般应选择土层较疏松、肥沃、富含有机质、风力较小的园地为宜。但是杂交种子苗的土壤选择则更为讲究。因为种子苗不像成苗那样具有粗大的根茎，自身保水性相对较差，应选择黏性稍大的土壤。

整地时尽量深耕，边耕地边加施呋喃丹，使其充分与土壤混匀。幼苗根茎娇嫩，很容易遭地老虎啃食而死亡，呋喃丹能够有效地预防和消除地老虎对幼苗的危害。

起垄时宜起深沟高畦，种子苗幼年时期根系不如成苗发达，也没有形成块茎，呼吸作用没有成苗强，起垄如果起得不高，下雨雨水堆积在地面，很容易造成幼苗缺氧烂根。深沟高畦则能够保证水汽的良好供应。

3. 移栽及定植

姜花属植物喜半阴环境，自然条件没办法满足半阴，可以采用人工遮阴。用遮阴度为 60%~80% 的遮阴网搭设人工阴棚。起垄后每畦可种植 1~2 行，定植株行距（30~40）厘米 ×（30~40）厘米。施足基肥，基肥可用沟施缓释肥，肥效慢不会在移栽前期对根系造成太大的伤害。

种子苗长出 4~5 片真叶时即可进行移栽。移栽适宜在傍晚进行，当天早上不要浇水，保持土壤不太干即可。移栽时用左手抵住穴盘的穴底往上轻轻用力将整个苗与土、穴盘脱离，左手拿苗，右手用小铁锹在基质中间挖开一小穴，然后将幼苗根系带土完全垂直放入穴内，用穴一侧的基质将根系轻轻压紧、压实，以不见根系为宜。移苗后要注意浇定根水，防止种苗的根部接触到空气而导致死亡。水分不宜过多，否则对根系生长很不利，要注意检查，防止湿度过大引起根系缺氧腐烂，引发细菌性病害。一般情况下可以按常规方法管理，每天分早上 9:00、下午 4:00 两个时间段来浇水。刚移栽过的苗较弱，浇水须用喷雾法，每次喷雾 30~45 分钟。当阴天或下雨时，可适当缩短浇水时间。

4. 间伐与除草

定植后要密切关注苗的生长状况，及时补苗。对杂苗要及时清理，防止造成杂交苗的混淆。定植后，前期要求肥水充足，根据追肥日期提前 1~2 天进行除草松土及必要的培土抚育措施，一般两个星期除草一次，遇上阴雨天气，一个星期需除草一次。随着苗的生长，可适当减少除草的次数，待其完全封行后，杂草就基本不能对它造成影响了。此时应控制肥水防止徒长，以有利于其开花。对分蘖过多的细弱植株应及时疏除，以保证花的质量。

5. 肥水管理

水分是万物生存的关键，对于叶面积大、水分蒸腾旺盛的姜花属植物来说更是尤为重要，故充足的水分是其良好生长必不可少的因素，特别是在春夏季快速生长期。浇水时应该慢慢浇透，以保证水分充分渗入土层，一般应选择在清晨和傍晚浇水。

姜花属植物在生长季节长出大量的叶片，特别是苗期的营养生长期对营养需求较高，施肥十分重要。栽培前施足基肥，生长期不断补充肥料，沟施和穴施都可以。生长前期追 1~2 次稀薄速效肥，保持土壤湿润。因开花的同时地下块茎一起膨大，所以开花期间应及时追肥 2~3 次，追肥以腐熟人粪尿为主，保证养分的供应。秋季再补施一些充分腐熟的肥料。每 5 年做一次轮作，可防范姜瘟病的发生。

6. 病虫害防治

病害防治以预防为主。苗期常用多菌灵液对土壤进行消毒；及时剪除倒伏的假茎。姜花属植物喜湿润环境，但最忌干湿交替，连续干旱后淹水 2~3 天易发生根茎腐烂，严重的发生成片死亡，在苗期最为严重，极难防治。雨水过多时，应疏通排水沟以防积水。发病后应及时连根清除发病植株，集中烧毁，并在发病周围撒施石灰，用 2000 倍农用硫酸链霉素进行灌根处理。若寒流侵袭，将黄叶剪除，遇冰冻时可用塑料薄膜覆盖保温，可免除冻害。在夏季天气比较炎热、空气潮湿时，还应注意防治其他细菌、真菌和病毒等引起的病害。

苗期由于植物幼株非常幼嫩，地上部分易受夜蛾和螟虫的幼虫钻蛀危害。它们专吃嫩叶并吸取植株液体，造成受害植株顶端枯死，叶片枯黄，茎干腐烂直至成株枯死。受害部位有大量虫粪溢出，若不及时防治，切花产量将受到较大影响。地下部分容易受到地老虎的啃食，造成植株成片死亡。防治时要以早、晚喷药为宜，对于蛾类和螟虫可以用广谱性杀虫剂，如敌敌畏、敌百虫等 1000~1500 倍液喷杀，每隔 3~5 天，连喷 2~3 次即可；地老虎则可以在前期翻地时就施用呋喃丹进行预防。

在繁茂的营养生长期，因为正好处于春夏交接的时候，蛾类、蝶类非常多。经常会出现弄蝶幼虫危害叶子，所以要及时人工捕捉弄蝶幼虫，保护叶片的正常生长。高温干旱季节易受到螨类害虫的危害，可用炔螨特 1500 倍液喷施防治。象鼻虫的危害也较普遍，成年象鼻虫啮食叶片，有时会把嫩叶吃光，这种虫通常与土壤有关，较难彻底清除，可用杀虫剂治理。

二、春秋姜黄花药培养诱导双倍体植株

现代花卉新品种的培育技术除了杂交育种，生物工程育种技术得到了高度重视与应用，倍性育种便是其中的一种。花药培养诱导技术是倍性育种的重要手段。

姜黄属的春秋姜黄是四倍体种类，可通过花药培养诱导双倍体植株。

（一）选择单核期的小花蕾

春秋姜黄小孢子发育时期与花序、花蕾、花药的外部形态特征有相关性。从花序长度和颜色来看，当花序总长度在 5 ± 0.3 厘米，不育苞片约占小花序总长度的 2/5，当小花序的不育苞片颜色鲜艳，露出叶鞘 2 厘米左右，可育苞片顶端呈现一点红，并有淡淡绿色时，苞片内部的小花蕾处于单核期的概率比较大。从小花蕾和花药的长度和形态来看，花蕾的长度为 4.3~5.3 厘米，花蕾的直径为 1.5~2.0 厘米，花药长度为 0.8~1.5 毫米时，大部分小孢子处于四分体时期；而花药长度为 1.5~1.75 毫米时，小孢子处于单核期。另外，花药与柱头的相对位置对小孢子发育时期的影响也很大。因为春秋姜黄的花药是成对生长，并且柱头穿过花药中间，

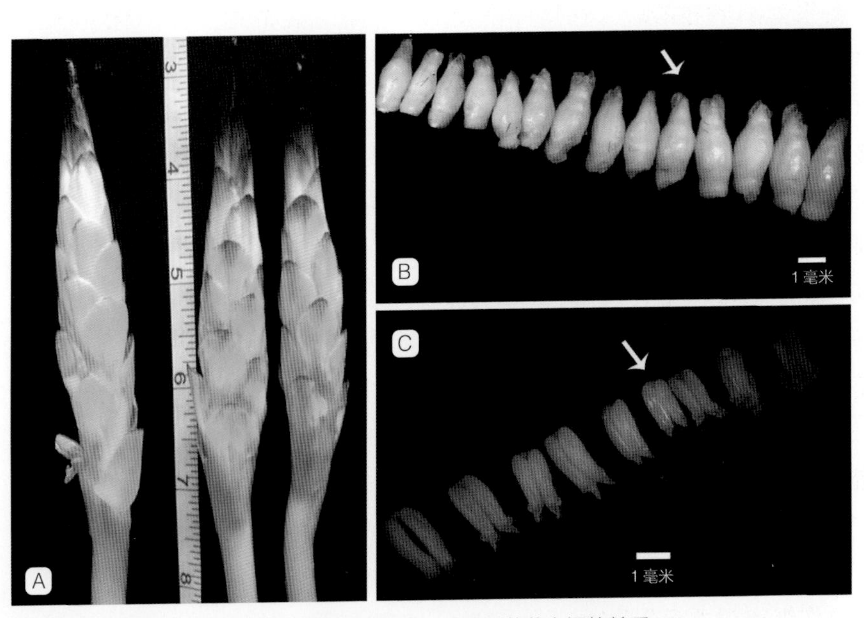

图 3-2　不同时期花序、花蕾及花药之间的关系

注：A 为 4~6 厘米长的花序；B 为处于不同时期的小花蕾的外部形态，箭头所指为单核中晚期的花蕾形态；C 为处于不同发育时期的花药的形态，箭头所指为单核中晚期，并且有柱头夹在中间的花药。

并包含在花药对夹缝线。成熟的柱头一般会超出花药一段距离，并在花粉囊开裂的时候，花药下垂，以避免自交授粉。因此，柱头与花药的位置可以作为小孢子发育时期的参考标准，当柱头刚刚长到与花药齐长，并且还包含在一对花药缝线里面的时候，小孢子处于单核靠边期。当柱头超出了花药的长度，且花药与柱头之间的结合不太紧密时，小孢子已经发育成为成熟的花粉粒（图 3–2）。

（二）对花药在4℃低温下预处理4天

以 4℃低温预处理 4 天可使花药愈伤组织的诱导率从未处理的 10.06% 增加到 20.00%。甘露醇预处理对花药愈伤组织的诱导效果不是很好，虽然与低温一起预处理 36 小时可以诱导更多的花药产生膨大，但很少诱导出愈伤组织。

（三）在MS培养基中添加12%的蔗糖

在 MS 培养基中添加 12% 的蔗糖组成基本培养基效果最好。

（四）注意花药培养各个阶段的培养基配比

花药培养各个阶段的培养基配比对花药培养的成功与否起决定性的作用。在花药愈伤组织诱导阶段，在培养基 MS + 2,4–D（3.0 毫克 / 升）+ KT（0.5 毫克 / 升）+12% 蔗糖，先进行黑暗培养 15 天再转移到光下培养 15 天，诱导率最高达 20.00%。这些愈伤组织在 MS + 6–BA（0.5 毫克 / 升）+ 2,4–D（1.0 毫克 / 升）+ TDZ（0.3 毫克 / 升）+ 3% 蔗糖的培养基上 20 天能够迅速增殖数倍。将增殖后的愈伤组织转接到分化培养基上，先进行 14 天的暗培养，然后光照培养 60 天后再转到分化培养基 MS + 6–BA（5.0 毫克 / 升）+ NAA（0.1 毫克 / 升）+ TDZ（0.3 毫克 / 升）+ 3% 蔗糖上，愈伤组织的分化率可高达 33.1%。分化的植株在增殖培养基 MS+ 6–BA（2.0 毫克 / 升）+ TDZ（0.1 毫克 / 升）+ 3% 蔗糖上培养 45 天可快速大量增殖，增殖系数可达 14.1。增殖培养后的植株在 MS + 6–BA（1.0 毫克 / 升）+ NAA（0.5 毫克 / 升）培养基上进行壮苗培养效果比较好，平均每棵植株能够长出 6 根 3 厘米左右的根，且植株粗壮长势良好。

（五）花药培养植株再生与扩繁

愈伤组织在进行分化时，先进行黑暗培养 2 周，然后再转移到光照条件下继续培养，1 个月左右出现分化迹象，60 天能看到芽分化出来，80 天后植株丛生芽生长和分化状态更好。NAA 在愈伤组织的分化中起着重要的作用，适当的细胞分裂素和生长素比例更利于正常途径的芽分化出植株。TDZ 浓度较高时，会有白化苗现象存在（图 3-3）。

图 3-3　植株的再生与扩繁

（六）倍性确认

用卡宝品红压片法。实验步骤如下：

（1）上午 9:00 将取出的材料置于卡诺固定液中，固定 24 小时。然后转入 70% 酒精中，在 4℃冰箱中保存，保存时间最好不超过 2 个月。

（2）蒸馏水冲洗固定的材料 3~5 次，每次均用滤纸吸干组织表面水分。然后转入饱和的 8- 羟基喹啉溶液中，4℃处理 4 小时。

（3）经过处理的材料，用纯净水冲洗 5 遍，每次用毛边纸吸干水分。转入 65℃的 1 摩尔的 HCl 溶液中，解离 12 分钟，直至组织有明显分散趋势。如果材料是根尖，只需要解离 5 分钟即可。

（4）用镊子取出解离过的材料，放在装满纯净水的培养皿中冲洗 3 遍，吸干水分。用胶头滴管吸取卡宝品红溶液染色于载玻片的材料上面，用镊子挤压组织变碎，移走大块的组织，染色 2 分钟。

（5）盖上盖玻片，用铅笔敲打盖玻片，使细胞分散均匀。用毛边纸吸走盖玻片周围的染液，拿到莱卡显微镜下先 10 倍物镜，再 40 倍物镜观察，100 倍油镜拍照。

结果表明，花药愈伤组织的染色体条数为 42，而母株根尖的染色体数为 84（图 3-4），而春秋姜黄为四倍体植物，因此确认花药愈伤组织产生的是 2 倍体植物。

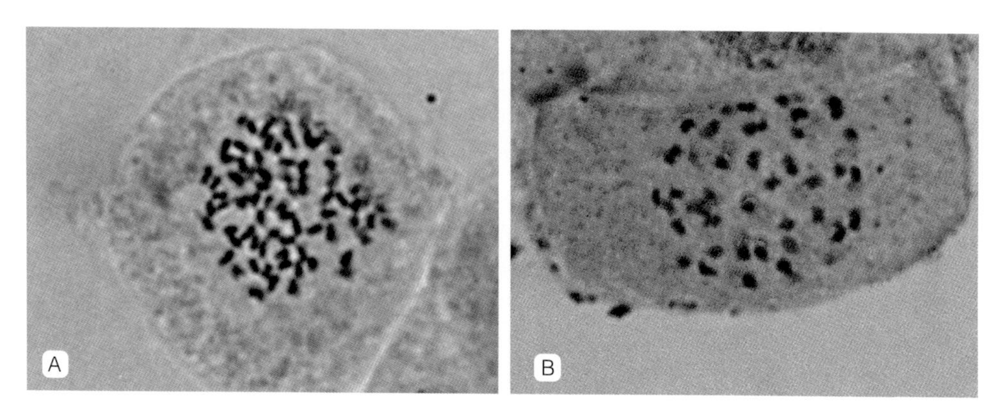

图 3-4　春秋姜黄的染色体数目

注：A 为母株根尖染色体计数为 84 条；B 为花药愈伤组织染色体条数为 42 条。

第四章

姜科花卉花期调控与水培

花卉花期的早晚直接影响产品上市时间、商品价值、品种培育等方面，因此现代花卉业对花卉的花期调控提出了很高的要求。花期调控技术已成为现代花卉业管理的一项核心技术，谁掌握了它，谁就会赢得顾客，从而最终占领花卉市场。

花卉水培是通过使用无毒无污染的营养液（有时甚至是纯水）代替泥土，让花卉在水中能长期成活，以供观赏。水培花卉因其清新环保、格调高雅、易于养护、便于组合等优点，已成为人们高雅、健康的时尚消费品。

一、姜黄属花卉花期调控与水培

（一）生产适用种球（即主根茎）

1. 选　种

选用饱满健壮的当年新生种球，如南昆山莪术种球较粗大，可一分为二，栽植前将种球晾晒一天。

2. 整　地

深犁翻晒土壤，并连续旋耕两遍使土壤细碎，起垄时开好基肥槽，垄距1.2 米。

施肥：施足基肥，基肥为高磷钾型，氮磷钾配比 13∶10∶20 为宜。

种植：于垄顶以双排品字形布种，株距 × 行距 × 深度为 35 厘米 ×20 厘米 ×15 厘米，均匀布种避免直接接触肥料；用细土培土将种球与肥料同时覆盖，洒水使土壤保持浸透，有利促根。

3. 田间管理

（1）浇水：视气候情况安排淋水，生长期间保证水分适中，土壤不积水、叶片不干枯。

（2）追肥：株高 10 厘米时，施复合肥一次。在植株开花前后，施磷钾肥作二次追肥。花期尾声时再追施磷钾肥一次。

（3）收种球：12 月中下旬，地上部分枯萎，将地面枯叶清理铲净，将种球挖起，剥去土块后将种球放在地面晾晒 2 天。

（二）种球处理

1. 种球采收

姜黄属植物有冬眠习性，要把花期调控在春节或元宵节应节，就要在地上部完全枯萎后（通常是在 12 月中下旬）开始采挖地下部饱满无病虫害的种球。若想把花期调控在三八妇女节，则可在 2 月上旬采挖种球。

2. 种球分级和清洗

广西莪术 *Curcuma kwangsiensis* 和南岭莪术主根茎（即种球）发达，没有侧根茎或不明显，挑选直径 3 厘米以上带饱满芽眼的种球（图 4-1）。南昆山莪术种球较粗大，可挑选直径 5 厘米以上带饱满芽眼的种球，但对种球一侧的粗壮侧根茎不能去掉；剪去种球上及侧根茎上的须根后清洗干净，浸泡 800 倍百菌清 15 分钟后晾干，待用。

图 4-1　广西莪术种球形态

注：左为适宜催花的根茎，具有洁白饱满的芽点；右为适宜留种的根茎，芽点小。

使用细腻无杂质的河沙包埋种球：河沙须清洗过后在烈日下暴晒杀菌，将洁净的河沙用蒸馏水湿润至可手捏成团但不滴水的程度，方可包埋种球，使种球表层皆被一层薄薄的河沙覆盖。种球埋沙时，选取深度达 180 毫米的贮藏容器，首先在容器底部埋一层河沙（约 20 毫米厚），将根茎横躺式放入容器中，铺满后覆盖一层河沙（约 15 毫米厚），再以码堆的方式放置种球一层，再铺河沙，直到放满三层种球，顶层河沙厚度约为 20 毫米；应尽量做到节省容器空间，但种球之间不会直接接触，特别是芽点的部位要预留部分萌发空间，不可受到挤压。

（三）低温贮藏

将种球转移至 14 ± 1.0℃的冷库中，河沙含水量保持 15% ± 2%，冷库湿度保持在 70%，黑暗中贮藏 30 天以上；贮藏过程偶尔翻看贮藏容器的情况，发现腐烂发霉的根茎要先喷施多菌灵溶液，再用密封袋轻轻包裹腐烂种球并清除，以防霉菌的孢子体扩散。2 月上旬采挖的种球不用经过低温贮藏。

（四）高温破除休眠（高温催芽）

将贮藏 30 天以上的种球从冷库和贮藏容器中取出，种球与河沙分开处理：用清水浸泡种球约 20 分钟使其充分吸水，同时将河沙重新湿润至成团但不滴水的程度；随后重复埋沙的步骤，将埋好种球的容器转移至催花室中，容器表面覆盖保温棉，于 29 ± 1.5℃，全暗，空气相对湿度 75%，河沙含水量保持在 25% ± 2% 的环境下进行高温催芽。2 月上旬采挖的种球经清洗杀菌处理后直接进行高温催芽。

（五）水培催花

催芽 10~25 天，可翻动查看种球上芽的萌动状态，当广西莪术和南岭莪术种球的芽萌发至 2 厘米长时，以及南昆山莪术种球的芽萌发长至 4 厘米时，即可取出水培。首先洗净根茎上的沙粒，将其放置到新容器中，加水没过种球高度的 1/2，在光照强度 3500~4000 勒克斯、24 小时全光照、温度 30 ± 1.5℃、空气相对湿度 65% 的条件下水培 48 小时使根系萌发，培养 1 周后，将水倒掉，保持容器完全无水 3~4 天，容器过干时，喷水雾增加湿度；之后加入少量水分维持种球缓慢生长；等到芽变成红色，且种球表面干燥至略失水时，恢复正常水养管理。控水期间不向种球喷施或加入任何水或营养液，直到 4 天过后再重新向容器中注入蒸馏水或营养液，没过种球的 1/2 高度，直到芽转变成花。水培期间环境温度保持在 30℃以上、33℃以下。2 月上旬采收的种球进行花期调控时可不必做控水处理。

水培使用营养液比清水好，首先推荐使用 5 mg/L 硝酸镧 + 5 毫克 / 升 GA_3 + 500 毫克 / 升硫酸镁的营养液，其次推荐使用 MS 营养液母液浓度的 1/16~1/4。

（六）花序管理

种球上的芽发育成花后，及时将种球连同花序转移到 25℃环境下，保持 3500~4000 勒克斯光照强度，但光照时间从 24 小时缩短为 12 小时，以保证花序充分延伸及苞片色泽的稳定。保持适量的水分或营养液，但要避免泡烂种球，不要直接向花序部位喷水（图 4–2）。

图 4–2　花期调控在 2 月并水培的 3 种姜黄属花卉

注：左为南昆山莪术；中为广西莪术；右为南岭莪术。

对广西莪术进行低温冷藏 + 高温催芽 + 水养的处理，诱使个别种球长出 2 支花序、个别种球出现顶生花序，如图 4–3 所示。

图 4–3　广西莪术的变异

注：左、中为广西莪术种球长出 2 支花序；右为广西莪术种球花序顶生。

此外，低温冷藏 + 高温催芽 + 水养 + 干旱胁迫的促花方法，将上述 3 种姜黄属花卉的开花率从不足 30% 提高到 90% 以上。

二、春秋姜黄和‘红荷’姜黄 *Curcuma* ‘Honghe’ 水培

在 2 月底 3 月初选取无病害、芽饱满的种球，剪去种球上的须根后将种球清洗干净，浸泡 800 倍百菌清 15 分钟后晾干，将种球放在温度 30℃、湿度 60% 的条件下催芽 15 天至芽长至 2 厘米，转至有营养液的器皿中水培。推荐使用美乐棵营养液（图 4–4）。

图 4–4　水培的春秋姜黄和‘红荷’姜黄

注：左为春秋姜黄；右为‘红荷’姜黄。

三、花叶山姜水培

（一）选　材

选择生长良好、无病虫害的植株，剪取带有两叶的小苗，每小苗保留 4 厘米长的根茎，将根茎上的根剪除，并用自来水清洗干净，并经过 0.1% 多菌灵溶液浸泡 15 分钟对伤口进行杀菌处理。初始水培容器要选用不透明的。

（二）诱导生根

将小苗放入盛有清水的水培容器中培养 18 天，期间对容器顶部遮光（图 4–5）。除了固定植株之外，通过遮光可以有效避免绿藻的产生，3 天换一次清水，待大

部分培养材料的根长到一定数量和一定长度时，转入营养液中培养。在营养液中培养至长出新叶后便可转至其他容器中，如图 4–6 所示。

图 4-5　容器顶部的遮光板

图 4-6　不同容器的水培花叶山姜

营养液配方推荐 1/4 霍格兰配方。对于家庭水培来说，由于霍格兰配方需要现用现配，比较麻烦，而德沃多作为家庭用水培营养液不失为一种较好的选择，可以直接在市面上购买，只需简单的溶解、稀释便可直接使用。

（三）注意事项

花叶山姜的病虫害较多，尤其是病害，多表现在叶片的叶缘、叶尖干枯，严重则至全叶枯黄。花叶山姜的病害主要是叶枯病，主要由以下四个原因引起：一是植株带病菌；二是取材时伤害了植物根部，没经伤口杀菌处理直接种下，易感染病害；三是土壤残存病菌；四是病菌借助风雨传播。因此，针对叶枯病的防治上，要在根源上进行有效控制，种植前将基质消毒灭菌，引种材料要经过伤口处理。在叶枯病发病初期，可用 200 倍波尔多液每隔 7~10 天喷施 1 次，连喷 2~3 次可有效地予以防治。

花叶山姜喜阴湿环境，较耐水湿，极不耐干旱，因其习性散生，其根茎非肉质，不同于姜科其他植物具有肥大的地下部分可以贮藏大量营养物质和水分，因此在栽培过程中，要加强水分管理，除了浇水以外，还要保持较高的空气湿度，特别是夏季高温天气，可向植株周围及土面喷洒水分，以提高空气湿度。

第五章

姜科植物组织培养

组织培养是一种加速植物繁殖的新技术，被广泛应用在花卉的种苗生产上。这项技术是在人为提供的培养基质和小气候条件下进行，不受季节限制、管理方便，可以大量节省劳动力和田间育苗所需要的土地，而且生长周期短、繁殖率高，能在短期内提供整齐一致、脱毒无菌的优质种苗。

目前，国内外众多学者对姜科植物进行了组织培养和快速繁殖技术的研究，比如圆瓣姜花（陈薇等，2002）、火炬姜 *Nicolaia elatior*（符书贤等，2003）、海南砂仁 *Amomum longiligulare*（莫饶等，2003）、红球姜（范燕萍等，2004）、益智（朱文丽等，2005）、姜荷花（赵彦杰，2005）、红姜花（梁国平等，2007）、金姜花 *Hedychium gardnerianum*（熊友华等，2007，2011）、山柰（吴繁花等，2009）、红观音 *C. alismatifolia* 'Guanyin'（商宏莉等，2010）、南岭莪术（张施君等，2011）及阳春砂 *Amomum villosum*（刘艳，2010）等。

姜科组培苗的生产可以通过两种方式实现，即直接再生和间接再生。其中，直接再生是从外植体直接诱导出不定芽及不定根，而间接再生是先从外植体诱导出愈伤组织，再从愈伤组织诱导出不定芽和不定根。下面分别介绍这两种生产方式的研究进展。

一、组培苗直接再生

（一）外植体选择与处理

姜科植物的根状茎是短缩的茎段，上面带有多个腋芽，腋芽具有萌发形成完整植株的能力，因此以腋芽为外植体进行不定芽的诱导是最为方便快捷的选择。部分研究学者认为，生长在热带、南亚热带的植物，由于长年高温多雨，空气湿度大，使得植物体表面容易滋生大量的微生物，甚至一些菌丝已侵入到表皮内的薄壁组织，致使纯粹的表面消毒不能有效控制其对植物培养的污染（朱广廉，1996；周俊辉等，2002）。由于根状茎是地下器官，在消毒处理前可进行一段时间的暗培养，以增加组织培养的成功率。常规的做法是剪去根状茎上的叶和根，用自来水冲洗干净后，用0.1%的多菌灵溶液浸泡10分钟，带少量药剂埋在消过毒的沙子中，放在30~32℃的恒温箱中暗培养，10~15天后，在茎节处能形成3~5厘米的新芽。从根状茎上切下芽，用自来水冲洗10分钟后，0.1%（w/v）高锰酸钾浸泡15分钟，再用自来水冲洗2~3分钟。在超净工作台上用浓度为75%（v/v）的酒精浸泡30秒，再用0.1%（w/v）$HgCl_2$浸泡5~8分钟，无菌水冲洗5~6次，无菌滤纸吸干水分，接种到初代培养基上。

为减少植物组织培养中来自外植体的污染，选择的外植体材料也要尽量少带菌。选择合适的外植体在很大程度上影响着植物组织培养的成败。通常，植物地上组织比地下组织容易灭菌，幼嫩组织比老龄组织容易灭菌，温室材料比田间室外材料带菌少，尤其在人工光照培养箱里萌发的材料灭菌效果更好。姜科植物组织培养常用的外植体有茎尖、叶片、种子、种胚、花粉、子房、花芽等（Salvi N D等，2001；Prathanturarug S等，2003，2005）。其中，茎尖由于其再生能力强且容易灭菌而作为最常用的外植体。曾宋君等（1999）在宫粉郁金*Curcuma kwangsiensis*的组培和快繁研究中采用的是沙藏萌发出的块茎作为外植体。在白姜花的组培研究中，熊友华等（2005）采用的外植体是经过MS0培养基（不含任何激素的MS）暗培养的成熟种子长成的无菌苗的下胚轴，通过诱导丛芽繁殖并再生完整植株。在国外，也有研究者利用花芽和子房作为外植体，培养得到了再生植株（Nazeem P A等，1996；Salvi N D等，2000）。

除了根状茎，采用茎尖和小花序等也有成功的报道。宜朴等（2004）用茎尖进行了姜的组织培养，而胡玉姬等（1990）则用花叶艳山姜*Alpinia zerumbet* 'Variegata'的花序轴和幼茎作为外植体进行组织培养。尚小红等（2012）指出，由于生姜通常带有内生杂菌，一般的表面消毒难以将之彻底清除，致使初代培养污染率高，因此外植体消毒是影响生姜组培试验成败的关键环节。在实际操作中还可根据需要加抗生素、杀菌剂进行辅助处理，以降低初代污染率。如TaeSoo K等尝试在生姜初代培养时，将茎尖接种到含抗生素（硫酸链霉素或青霉素—链霉素500倍混合液）的培养基中，可以有效地抑制杂菌污染（TaeSoo K等，2000）。有研究报道，0.1% $HgCl_2$溶液比10% NaClO溶液更适宜姜花种子的消毒，可以有效地降低其污染率（熊友华等，2011）。Salvi等（2000）和

Topoonyanont 等（2004）采切了姜黄和姜荷花 8~10 厘米长的刚萌发的小花序，常规消毒后剥去花序外的叶鞘，再将整枝小花序分切成约 5 毫米的片段接种到诱导培养基上，约 4 周后外植体上萌发出了不定芽，继代培养后成功得到了姜黄和姜荷花的丛生芽。

（二）基本培养基

MS 培养基是目前普遍使用的培养基，这种培养基中的无机养分的数量和比例比较合适，足以满足植物细胞在营养上和生理上的需要。因此，一般情况下，无须再添加氨基酸、酪蛋白水解物、酵母提取物及椰子汁等有机附加成分。与其他培养基的基本成分相比，MS 培养基有较高的无机盐浓度，硝酸盐、钾和铵的含量高，对保证组织生长所需的矿质营养和加速愈伤组织的生长十分有利。由于配方中的离子浓度高，在配制、贮存、消毒等过程中，即使有些成分略有出入，也不影响离子间的平衡。因此，在姜科的离体培养报道中，MS 培养基是大家普遍使用的基本培养基。Das 等（2010）比较了 MS 培养基和改良 MS 培养基对姜黄的离体再生的影响，发现在 MS 培养基中加入 300 毫克 / 升的酵母提取物和 100 毫克 / 升的水解酪蛋白能够使不定芽的增殖率提高 20%；蔗糖的浓度对芽和植株的生长也有影响，2% 是最适合芽增殖和生长的浓度，当蔗糖浓度超过 3%，植株会明显黄化甚至死亡。此外，蔗糖并不是唯一的糖源，笔者发现麦芽糖对增殖的效果比蔗糖更佳，但从节省成本的角度考虑，蔗糖是更为经济的选择。Loc 等（2005）则在 MS 培养基中加入了 20% 的椰子汁以增进不定芽的增殖，笔者也发现蔗糖的浓度从 3% 降低到 2% 对芽的增殖和生长没有影响。Salvi 等（2002）则更为系统地比较了糖源对姜黄离体培养的影响，在 MS 培养基中分别使用了蔗糖、果糖、葡萄糖、方糖、食用蔗糖等糖源，发现不定芽和不定根的增殖和生长均没有显著差异，而其他的糖源如木糖、鼠李糖、乳糖和可溶性淀粉则对姜黄的离体培养不利。

在不定芽的诱导和增殖阶段，MS 完全培养基也是普遍的选择，而在不定根的诱导和试管苗的生长阶段，使用 1/2 MS 培养基可以降低培养成本（Salvi et al.，2001；Das et al.，2010；Zhang et al.，2011）。

（三）生长调节物质

培养基中的植物生长调节物质是培养基中的关键物质，虽用量极小，但在植物组织培养中起着重要和明显的调节作用。植物生长调节物质包括生长素、细胞分裂素及赤霉素等。生长素主要用于诱导愈伤组织的形成、胚状体的产生以及试管苗的生根，更重要的是配合一定比例的细胞分裂素诱导腋芽及不定芽的产生。常用的生长素有 2,4- 二氯苯氧乙酸（2,4-D）、萘乙酸（NAA）、吲哚丁酸（IBA）、吲哚乙酸（IAA）等。细胞分裂素有促进细胞分裂和分化，抑制顶端优势，促进侧芽生长等特点。常用的细胞分裂素有激动素（KT）、6- 苄氨基嘌呤（BA）、玉米素（ZT）和 2- 异戊烯腺嘌呤（2-IP）等。赤霉素在组织培养中使用的只有 GA_3 一种，能促进已分化的芽的伸长生长。

在姜科的组织培养研究中，调节生长素和细胞分裂素的种类与浓度是至关重要的。一般细胞分裂素多选用 BA、KT 和 ZT；生长素多选用 NAA、IAA 和 IBA。Shirgurkar 等（2001）在姜黄的离体快繁中使用了 BA（2.2 微摩尔）+ KT（0.92 微摩尔）诱导不定芽的增殖和小根状茎的形成。BA 和 KT 单独使用或配合 IBA /NAA 均可诱导莪术丛生芽的增殖，尤以 3 毫克 / 升 的 BA 或 0.5 毫克 / 升 IBA 的培养效果最好（Loc et al., 2005）。Mohanty 等（2008）在 MS 培养基中加入了 BA 和茉莉酸甲酯（MeJa）以利于诱导姜黄的小根状茎。Tyagi 等（2004）在郁金的离体培养中使用了 MS + ZT（22.8 微摩尔）培养基，而 MS + ZT（11.4 微摩尔）对 *C. malabarica* 的离体再生效果最好。此外，有研究表明，噻苯隆（TDZ）能够代替常用的细胞分裂素和生长素促进姜黄属的离体再生频率。TDZ 是德国 Schering 公司人工合成的一种新的植物生长调节剂，具有较强的细胞分裂活性，可以促进植物芽的再生和繁殖、打破芽的休眠、延缓植物衰老等，并且可以利用它的植物激素和生理活性物质的作用来调节植物的生长发育，是一种作用力很强的植物生长调节剂。近年来，TDZ 作为一种高效生长调节剂在植物组织培养被广泛运用，诱导愈伤组织形成、体细胞胚胎发生、芽大量形成等一系列不同反应（Mok et al., 2001）。Prathanturarug 等（2003）使用 TDZ（18.17 微摩尔）诱导姜黄丛生芽，每个月的增殖倍数达到 18.22 ± 0.62；Salvi 等（2000）使用 1~2 毫克 / 升 TDZ + 0.1 毫克 / 升 IAA，姜黄的增殖倍数约为 18。Topoonyanont 等（2004）则把 TDZ 的浓度降低至 0.5 毫克 / 升，配合 0.1 毫克 / 升 IAA 诱导出了姜荷花的丛生芽。

姜科植物离体生根较为容易，通常在丛生芽的诱导和继代培养时自发形成不定根。以生姜茎尖为外植体诱导出的幼苗植株生根率达 100%，且根多、粗壮，叶色浓绿。姜黄在继代培养时，叶片不断伸长，并有数条根长出，当带有叶片和根的试管苗长至 4 厘米时即可出瓶移栽（Prathanturarug et al., 2003, 2005）。Salvi 等（2001）则把姜黄丛生芽切开，转接到未添加生长素的 MS 基本培养中进行壮苗生长，期间有根系长出。Das 等（2010）利用 BA（13.31 微摩尔）+ NAA（2.68

微摩尔）培养姜黄，发现在继代过程中不定芽的基部有不定根形成，为了使试管苗更加健壮，将不定芽转移到添加了 2.68 微摩尔 NAA 的 1/2 MS 培养基中进行壮苗生长，此时会生长出更多的根。如果使用 TDZ 进行姜黄的离体培养，TDZ 既可以发挥细胞分裂素的作用诱导不定芽的形成，也能够代替生长素诱导根系的发生（Prathanturarug et al.，2003），因此在姜黄的培养过程中，只需要在 MS 培养基中加入 TDZ 就可以完成丛芽的诱导、增殖到完整试管苗的生长的整个组织培养过程（Prathanturarug et al.，2005）。黄颖颖（2016）以花叶山姜的茎尖和带芽点的茎段作为外植体，采用 MS 培养基并添加不同浓度植物生长调节剂，对其进行了芽分化、丛生芽增殖和试管苗生根等研究。结果表明：当初代培养基配方为 MS + 4 毫克 / 升 6–BA + 0.1 毫克 / 升 NAA 时，不定芽的诱导率最高，达到 52%，丛生芽的继代培养以 MS + 4.0 毫克 / 升 6–BA + 0.1 毫克 / 升 NAA + 1.0 毫克 / 升 TDZ 培养基为佳，增殖倍数达到 3.56，生根培养基以 1/2 MS + 0.5 毫克 / 升 NAA 较佳。

陈玉梅（2014）通过试验得出‘花叶良姜’*Alpinia zerumbet* ‘Variegata’的芽诱导以 MS + 6–BA 2.5 毫克 / 升 + IBA 0.25 毫克 / 升培养基为好；继代增殖以 MS + 6–BA 2.0 毫克 / 升 + KT 0.5 毫克 / 升 + IBA 0.5 毫克 / 升为培养基可以获得理想的效果；在 1/2 MS + IBA 0.25 毫克 / 升培养基上生根率高。另外，赵秀芳（2004）还发现往花叶良姜的继代培养基添加 10% 椰子汁（CW），可提高芽的增殖系数。潘学峰等（2013）通过对黄姜花组培快繁试验中得出增殖较优配方为 3/4 MS + 6–BA 3.5 毫克 / 升 + 水解酪蛋白 1000 毫克 / 升，以 1/2 MS + NAA 0.5 毫克 / 升的生根培养基效果最好。峨眉姜花适宜的初代培养基为 MS + 6–BA 8.0~10.0 毫克 / 升 + NAA 0.2 毫克 / 升 + 3% 蔗糖，继代培养基为 MS + 6–BA 4.0 毫克 / 升 + NAA 0.2 毫克 / 升 + 3% 蔗糖，生根培养基为 1/2 MS + IBA 0.5 毫克 / 升 + NAA 0.2 毫克 / 升 + 2% 蔗糖（熊友华等，2011）。

综上可见，姜科植物诱导芽分化和继代增殖通常采用的是高浓度的细胞分裂素及低浓度的生长素，而在生根阶段时，则需适当降低细胞分裂素的浓度，或只添加生长素就能达到很好的诱导生根效果。

（四）试管苗的移栽

姜科的试管苗出瓶移栽简便易行，幼苗存活率高。如生姜试管苗移栽至熟土 + 腐熟有机农家肥（2∶1）的营养杯中，成活率达 95% 以上，经在大田试种，植株生长旺盛，叶色浓绿，茎秆粗壮，无变异植株和病毒病植株，遗传性状稳定，抗姜瘟性能好（杭玲等，2006）。在一些报道中，试管苗先被移入温室，栽植到消毒过的基质如沙、稻糠等中进行驯化，如 Prathanturarug 等（2003）将姜黄的试管苗在温室中栽培 1 个月后再移栽到大田，小苗的成活率为 100%。Loc 等（2005）把莪术的试管苗从瓶中移入花盆，使用园土和稻糠 1∶3 的混合基质，2 周后计算小苗的成活率为 95%。

‘红火炬’ *Curcuma petiolata* ‘Red Torch’ 的组培苗经 6 个月的栽培便可开出艳丽的花序，如图 5–1。

图 5–1 组培苗经 6 个月栽培开花的‘红火炬’

二、组培苗间接再生

（一）叶鞘培养

关于姜科植物愈伤诱导的报道较少，主要原因是能够诱导愈伤的外植体来源有限。Salvi 等（2001）在 MS + 0.5 毫克 / 升 BA 培养基中分别加入 NAA 或除草剂迪斯坎巴和毒莠定，进行姜黄叶鞘愈伤的诱导，发现 NAA 和麦草畏（Dicamba）能够使 100% 的外植体长出愈伤组织，而在百草枯（Picloeam）的作用下，有 75% 的外植体诱导出了愈伤组织。在随后的芽分化阶段，BA 的用量加大至 5 毫克 / 升，还须在培养基中添加三碘苯甲酸（TIBA）才能使芽原基分化；KT、2–IP 和 BA 等多种细胞分裂素则可使芽原基再生出完整的芽。Mohanty 等（2008）研究了郁金的愈伤诱导方法，比较 2,4–D、NAA 及 2,4–D 与 KT/BA/NAA 的组合对诱导的影响，结果显示，2 毫克 / 升 2,4–D 的诱导率最高，82.16% 的外植体长出了愈伤组织。在随后的芽分化阶段，BA 比 KT 的效果好，而生长素与细胞分裂素配合使用能够进一步提高芽分化率，在所有的培养基配方中，以 3.0 毫克 / 升 BA + 0.5 毫克 / 升 NAA 的芽诱导率最高，达 80.53%。Prakash 等（2004）将芒果姜 *Curcuma amada* 的离体组培芽的基部切下作为外植体，只使用了 2,4–D 一种调节剂进行愈伤组织的诱导，发现 11.25 微摩尔的 2,4–D 诱导效果最好，80% 的外植体长出了灰色的愈伤组织，将此愈伤组织转接到 BA/KT + NAA 组合的培养基上即能分化出不定芽。KT 的效果比 BA 更好，9.12 微摩尔 KT + 2.7 微摩尔 NAA 能够使 78% 的愈伤分化出芽，平均每块愈伤出芽 3.6 个。

（二）花药培养

参见第三章第二节。

三、转基因技术

迄今为止，我国在姜科植物的转基因研究领域未有成功报道，国外也只有零星相关报道。限制姜科植物转基因成功的主要原因在于难以建立高效的离体再生体系，而一个强健有力的离体再生体系是转化成功（尤其使用农杆菌介导的基因转化法）的关键。张施君（2011）通过花粉管通道法进行了姜黄属的转基因研究，将 GUS 基因转入了种胚，而后代的遗传稳定性仍待解决。Shirgurkar 等（2006）建立了姜黄愈伤途径的离体再生体系，然后利用基因枪轰击法将 *GusA* 基因和 *bar* 基因导入了愈伤组织，再用除草剂进行抗性愈伤和抗性植株的筛选，经过 PCR 检测和 GUS 组织化学染色证实了转基因株系的获得。Mahadtanapuk 等（2006）进行姜荷花的组织培养时，在培养基中加入了一种植株矮化剂——抑霉唑，从而使叶片的生长受到抑制，而茎尖的分生组织不会受到影响，仍然维持旺盛的分生和增殖能力，使得姜荷花的离体丛生芽矮化，茎尖的生长点暴露在丛生芽表面；随后，利用此再生体系进行了农杆菌介导的遗传转化，用农杆菌液浸染茎尖的分生组织，将 ACC 合成酶反义基因整合到分生组织细胞的基因组中，通过卡那霉素筛选出基因植株。然而，这种丛生芽再生体系常常会导致大量转基因嵌合体株系的产生，要经过多代的转基因稳定性筛选来证明成功转化，因此并不是常用的转基因体系，此后也未见后续及类似方法的报道。

第六章

姜科植物活性成分提取及生物活性

姜科植物的应用历史悠久，其活性成分也很多，化学成分复杂，功能性成分多样，但目前来看主要为姜黄素类和挥发油两大类。另外，还含有糖类、油树脂、脂肪酸等，可应用于药品、食品、保健品、化妆品等领域。近年来，国内外大量文献报道了姜科植物活性成分具有降血脂、抗突变、抗癌、抗氧化、清除自由基等生理功能。现代药理学主要研究其抗炎、抗肿瘤、抗氧化、降血脂、免疫抑制、对消化系统和心血管系统的作用等。姜科植物的综合利用可以促进食品工业、日化工业、香料工业和医药工业的发展，具有很好的经济和社会效益。

一、姜黄素类化合物提取与应用

目前，根据提取溶剂、提取辅助手段的不同，已衍生出多种从姜科植物中提取姜黄素类化合物的方法。根据提取溶剂不同，常见方法有溶剂萃取法、加氢蒸馏法、超临界 CO_2 流体萃取法、索式提取法和酶提取法等；根据辅助手段的差异，可分为加热提取法、加压提取法、超声波提取法和微波辅助提取法等。

（一）溶剂萃取法

溶剂萃取法已广泛应用于植物活性成分的提取。一般使用的溶剂有水、甲醇、乙醇等，通过加热或微波等辅助提取方法制备得到提取物，进一步纯化得到姜黄素类化合物。溶剂萃取法的优势在于植物活性成分的提取率相对高、操作简单，但也伴随着溶剂消耗量高和萃取时间长的问题。此外，还可能造成挥发性物质损失和溶剂残留等问题。

（二）超临界CO_2流体萃取法

超临界 CO_2 萃取技术是由于超临界状态下的 CO_2 对某些天然活性成分具有特定溶解力，相比传统溶剂提取法其黏度小、扩散度大、溶解性更强。因其具有萃取温度低，无溶剂残留，且萃取过程需要隔绝氧气，而逐渐被广泛应用于天然产物中有效成分的提取，尤其适合用于提取姜黄素类化合物等热敏性物质。罗海等（2010）采用超临界 CO_2 流体萃取法提取姜黄中有效成分姜黄素，在最佳萃取条件下，姜黄素含量高达 14.32 毫克 / 克，显著优于文献报道的传统乙醇回流法（5.70 毫克 / 克）；姜黄素在高温和强碱性环境下容易变质，所以提取过程中需加入夹带剂，夹带剂用量和萃取压力也是影响提取率的重要因素。王泽霖等（2023）测定了最优工艺下：萃取温度为 40℃、夹带剂乙醇与原料质量比为 1：10、萃取压力 15 兆帕、萃取时间为 2 小时姜黄素类化合物的提取率为 8.38%。CO_2 流体萃取法能够提高其姜黄素类化合物的提取率。

（三）索式提取法

索氏提取法，又名连续提取法，是从固体物质中萃取化合物的一种方法。这种方法的优势在于样品和溶剂可以反复接触，浸出后无需过滤。同时，并行提取可以提高样品的通量，且基本设备价格低廉，操作简单，只需要简单训练即可操作。但缺点是反应时间长，且大量使用的有机溶剂容易导致环境问题，而且特定溶剂的沸点会导致目标产物受热分解。李瑞敏等（2013）对比了水蒸气蒸馏法、超临界法和索式提取法得到的姜黄挥发油成分差异。经 GC–MS 结果分析，索式提取法能提取出水蒸气蒸馏法和超临界法不能得到的莪术烯醇（9.31%）、莪术酮（4.61%）、莪术二酮（3.55%），但提取出的姜黄油颜色较深，且含有可见杂质。

（四）酶提取法

酶提取法是针对酶能起分解作用的特定物质，通过合适的酶，如纤维素酶、半纤维素酶、果胶酶等破坏细胞壁结构，使细胞内物质快速溶出。例如，董海丽等（2000）将纤维素酶跟果胶酶组成复合酶添加于姜黄属植物，加速了细胞壁和细胞间质物质的降解，使细胞壁和细胞间质结构发生局部疏松、膨胀、分解等变化。酶解后碱水提取姜黄素的收率（5.73%）比传统的碱水提取姜黄素收率（5.30%）提高了 8.1%。

二、姜科植物挥发油提取与应用

姜科植物挥发油是存在于植物中的一类具有芳香气味、可随水蒸气蒸馏出来而又与水不相混溶的挥发性油状成分的总称，具有多种生物活性。姜科植物挥发油常见的提取方法有水蒸气蒸馏提取、有机溶剂提取、超临界 CO_2 萃取和分子蒸馏等。实际生产中为了提高提取率，通常需要根据提取的姜科植物的种属、目标产物选用合适的提取方法，或者多种方法联合使用。

（一）水蒸气蒸馏法

水蒸气蒸馏法是提取植物挥发油最常用的方法之一。Zhang 等（2017）研究了中国 20 个不同产地的姜黄根茎，对其挥发油的产量、成分和生物活性进行分析，采用气相色谱 – 质谱联用（GC–MS）技术，从挥发油中鉴定出 81 种成分，主要成分为 ar– 姜黄酮（0.92%~42.85%）、β – 姜黄酮（5.13%~42.54%）、α – 姜黄烯（0.25%~25.05%）、ar– 姜黄烯（1.21%~15.70%）和 β – 倍半黄烯（0.05%~14.88%）。李瑞敏等（2013）研究姜黄挥发油的主要成分是芳姜黄酮（31.21%）、姜黄酮（29.31%）、β – 倍半水芹烯（8.83%）、α – 姜黄烯（8.53%）和 α – 姜烯（5.61%）；Zhang 等（2017a）研究姜黄属 12 个种的挥发油，主要成分分别是 8，9– 脱氢 –9– 甲酰基 – 环异长链亚烯（9.89%~52.19%）、莪术二酮（0.57%~50.59%）、吉马酮（4.54%~28.05%）、芳姜黄酮（1.64%~21.67%）和花姜酮（0.33%~15.45%）等；Das 等（2013）也通过水蒸气蒸馏法从姜干的根茎中提取精油，分析确定了莰烯、柠檬醛和芳樟醇 3 种主要的萜类化合物。水蒸气蒸馏法的优点是操作简单，较少或基本不产生有害废液，但持续高温加热、萃取时间过长会导致部分挥发油组分受热分解。

（二）有机溶剂提取法

有机溶剂提取法的原理是利用低沸点的有机溶剂从植物中提取出具有挥发性的有效成分。溶剂萃取避免了高温对挥发性成分造成的分解，获得的成分较多，萃取效率高。朱建文（2014）研究了正己烷、丙酮、石油醚 3 种溶剂提取姜黄挥发油，其活性成分分别是莪术二酮（11.35%、12.20%、11.95%）、芳姜黄酮（10.85%、12.12%、10.72%）、α – 姜黄稀（6.71%、6.43%、6.09%）、姜黄酮（6.67%、7.62%、6.38%）、α – 香柠檬烯（4.88%、4.52%、4.88%）。有机溶剂提取法提取的粗提物中常含有较多油脂、色素及蜡等，且易导致有机溶剂残留和产生有机废液。

（三）超临界CO_2流体萃取法

利用超临界流体代替低沸点的有机溶剂萃取植物中的有效成分，CO_2的临界温度（31.3℃）和临界压力（7.15兆帕）较低，无毒、不易燃易爆和价格低廉，常被用作萃取流体。超临界CO_2流体萃取法具有高选择性、高扩散性和高溶剂化能力，是一种十分环保的技术。然而在实际生产应用中，超临界法提取姜黄挥发油的设备成本远高于有机溶剂提取和低压运行的传统设备。Chang等（2006）通过超临界CO_2提取姜黄挥发油，鉴定出以下成分：芳姜黄酮（121.89微克/克）和α-姜黄酮/β-姜黄酮（121.89微克/克）。李瑞敏等（2013）分别通过水蒸气蒸馏法、超临界CO_2流体萃取法、超声提取法和索式回流提取法提取姜黄药材，成分鉴定后发现用不同提取方法得到的姜黄挥发油中都含有芳姜黄酮、姜黄酮、α-姜黄烯、α-姜烯等成分，且由超临界法获得的姜黄油中姜黄酮（35.46%）显著高于水蒸气蒸馏（5.61%）。Pedro等（2015）通过控制温度、压力和加工时间探究姜黄挥发油提取率、芳姜黄酮与制造成本的最佳方案，发现在当温度为333开尔文*、压力为25兆帕时挥发油提取率为6.4%，目标组分回收率超过83%，芳姜黄酮含量高达20%，同时也提取出了α-姜黄酮、β-姜黄酮，3种成分的总含量约占75%。

三、生物活性

（一）抗炎作用

研究发现，姜黄素可抑制人脂磷壁酸（LTA）诱导的小胶质细胞中炎性细胞因子［肿瘤坏死因子-α（TNF-α）、前列腺素E2（PGE2）和一氧化氮（NO）］的分泌，并抑制了一氧化氮合酶（iNOS）和环氧合酶-2（COX-2）的表达（Yu Y et al., 2018）。Jeena等（2013）研究表明，小鼠口服生姜挥发油一个月可显著减少由葡聚糖和福尔马林引起的炎症，增加小鼠血液中的超氧化物歧化酶、谷胱甘肽和谷胱甘肽还原酶水平，以及肝脏中的谷胱甘肽-S-转移酶、谷胱甘肽过氧化物酶和超氧化物歧化酶水平。艳山姜挥发油能抑制脂多糖（LPS）诱导细胞炎症因子TNF-α、IL-6、IL-1β的合成，抑制IκBα、p-IκBα、P65、

* 333开尔文约等于59.85℃。

p–P65 蛋白表达，改善炎症反应（龙秋双等，2022）。

（二）抗氧化作用

姜科植物挥发油作为一种良好的脂质过氧化抑制剂，能很好地抑制黄嘌呤－黄嘌呤氧化酶生成羟基自由基和超氧化物阴离子。Tu 等（2015）研究两种山姜挥发油：Tairin 挥发油中的主要化合物为 γ－松油烯（14.5%）、柑橘烯（13.8%）、对松油烯（13.5%）、桧烯（12.5%）、松油烯–4–醇（11.9%）、氧化石竹烯（4.96%）、肉桂酸甲酯（4.24%）、石竹烯（2.4%）和 γ－松油醇（1.28%），Shima 挥发油的主要成分为柚树烯（37.8%）、β－芳樟醇（17.1%）、氧化石竹烯（10.4%）、肉桂酸甲酯（6.34%）、苄基丙酮（4.21%）和 α－松油醇（3.36%）。它们不仅能很好地清除 DPPH 自由基（IC50=5.7 ± 0.6 微克 / 毫升和 IC50=126 ± 1.1 微克 / 毫升），也能抑制由黄嘌呤生成的超氧化物和尿酸引发的皮肤老化和痛风（IC50=70 ± 0.6 微克 / 毫升和 IC50=86 ± 0.4 微克 / 毫升）。Tairin 挥发油还可通过抑制胶原酶（IC50=11 ± 0.1 微克 / 毫升）、酪氨酸酶（IC50=25 ± 1.2 微克 / 毫升）、透明质酸酶（IC50=83 ± 1.6 微克 / 毫升）和弹性蛋白酶（IC50=212 ± 2.1 微克 / 毫升）展现出优异的抗氧化、抗衰老活性。姜科植物挥发油能够减少稳定的自由基，这可能和挥发油中高水平的氧化倍半萜相关，这些倍半萜是已知的潜在抗氧化剂。生姜挥发油也能清除超氧化物、DPPH 和羟基自由基，并能抑制组织脂质过氧化。Kottarapat Jeena 等（2016）的研究表明，口服生姜精油（GEO）显著改善小鼠因辐射而引起的肠道组织抗氧化酶（如超氧化物歧化酶、过氧化氢酶、谷胱甘肽过氧化物酶和谷胱甘肽）水平的降低。

（三）抗菌作用

姜科植物挥发油的抗菌活性成分有 α－蒎烯、1, 8–桉叶醇、β－蒎烯、松油烯–4–醇、β－石竹烯、芳樟醇、D–柠檬烯、β－月桂烯、对半胱氨酸、樟脑等。α－蒎烯对金黄色葡萄球菌具有抗菌活性，1, 8–桉叶醇对生物膜中生长的微生物具有抗菌活性，芳樟醇对许多牙周病原菌表现出活性，包括牙龈卟啉单胞菌、中间体普雷沃氏菌、黑卟啉单胞菌等（Van H T et al., 2021）。山姜和山姜叶子挥发油都表现出对大肠杆菌、金黄色葡萄球菌亚种的抗菌活性，金黄色葡萄球菌和尖孢镰刀菌的 MIC 值为 50.0 微克 / 毫升；玉林和西双版纳采集的高良姜挥发油可以抑制大肠杆菌，但只有玉林的姜挥发油对铜绿假单胞菌有效；从富寿生长的高良姜中提取的挥发油对鼠伤寒沙门氏菌、蜡样芽孢杆菌、金黄色葡萄球菌和大肠杆菌有抑制作用（Dai D N et al., 2020）。

（四）抑制黑色素产生

用南投月桃（姜科月桃属）挥发油处理能显著减少毛喉素诱导的黑色素生成，并且在转录和翻译水平下调了酪氨酸酶（TYR）和酪氨酸酶相关蛋白 -1（TRP-1）的表达。进一步的研究表明，TYR 和 TRP-1 的下调是由南投月桃挥发油介导的 MITF 的抑制引起的。此外，南投月桃挥发油诱导 ERK1/2 的持续表达能促进 MITF 蛋白酶体降解（Kumar K J S et al., 2020）。Wang 等（2018）研究发现姜挥发油通过其抗氧化特性以及对酪氨酸酶活性和黑色素生成相关蛋白的抑制作用，抑制黑色素的合成。因此，生姜挥发油可以用于皮肤美白。

姜科是单子叶植物中的一个大科，姜科植物的主要活性成分为姜黄素类化合物和姜挥发油，提取方法主要有水蒸气蒸馏法、溶剂提取法、超临界 CO_2 流体萃取法和分子蒸馏法等，可以根据目标化合物的不同选择合适的方法。姜科植物的活性成分因其具备良好的抗炎、抗氧化、抑菌、抑制黑色素合成以及对多种疾病具有显著的改善作用而被广泛应用于食品、化妆品等相关的医药行业中。由于其活性成分会受到基因型、品种、地理位置、气候、季节、耕作方式、施肥、收获时间、成熟阶段、储存、提取和分析方法等因素的影响，因此需要建立姜科植物的质量标准和规范，加强姜科植物的质量标准与质量评价研究，促进该科植物活性成分在食品工业、日化工业、香料工业和医药工业的发展。

第七章

姜科观赏植物

一　山姜属 *Alpinia* Roxb.

常绿直立草本，以丛生种类为主，也有散生种类。花序顶生，侧生退化雄蕊不发达，呈齿状或无，唇瓣显著，远较花冠裂片为大，常有绚丽的彩纹。

全世界约 230 种，分布于亚洲热带地区。我国有 51 种，产于东南部至西南部。

距花山姜 *Alpinia calcarata* Roscoe

1 全株（林玲／摄）
2 花（林玲／摄）

别名　距药山姜。

形态特征　株高约 1.3 米。叶片线状披针形，长 20~32 厘米，宽 2~3.5 厘米，两面无毛。圆锥花序；花冠裂片长圆形，长 2.2 厘米；侧生退化雄蕊红色；唇瓣倒卵形，长 2.7~3.5 厘米，白色。蒴果球形，红色。花期 5~6 月，果期 6~7 月。

生境与分布　产于广东、广西，生于密林中。印度、斯里兰卡有分布。

经济用途　根茎入药，具有抗真菌、抗肿瘤、抗氧化、壮阳功效。可作庭院点缀观赏。

1

2

节鞭山姜

Alpinia conchigera Griff.

1 全株（林玲／摄）

2 花（叶育石／摄）

形态特征 株高 1.2~2 米。叶片披针形，长 20~30 厘米，宽 7~10 厘米，叶背中脉被短柔毛，两面无毛。圆锥花序长 20~30 厘米，花呈蝎尾状聚伞花序排列，侧生退化雄蕊正方形。果鲜时球形，干时长圆形，宽 0.8~1 厘米，枣红色，芳香。花期 5~7 月。

生境与分布 产于云南西双版纳，生于山坡密林下或疏阴处，海拔 620~1100 米。南亚至东南亚亦有分布。

经济用途 根状茎用于治疗蛇伤和制作香料。果实芳香，具有健胃祛风功效，可用于治疗胃寒腹痛、食滞。

红豆蔻 *Alpinia galanga* (L.) Willd.

1 全株（林玲／摄）
2 花（林玲／摄）
3 根茎（林玲／摄）

别名　大高良姜，山姜，良姜，廉姜（广东、广西）。

形态特征　株高达 2 米。叶片长圆形或披针形，两面无毛。圆锥花序密生多花，花绿白色，侧生退化雄蕊紫色，唇瓣倒卵状匙形。果长圆形，中部稍收缩，熟时红色。花期 5~8 月，果期 9~11 月。

生境与分布　产于福建、台湾、广东、海南、贵州、广西和云南等地区，生于海拔 100~1300 米的阴湿林下或灌木草丛中。亚洲热带地区广布。

经济用途　根茎和果实均可供药用和作香料。可供园林或切花观赏。叶鞘纤维可供织粗布、纤维板及造纸等。

脆果山姜

Alpinia globose (Lour.) Horan.

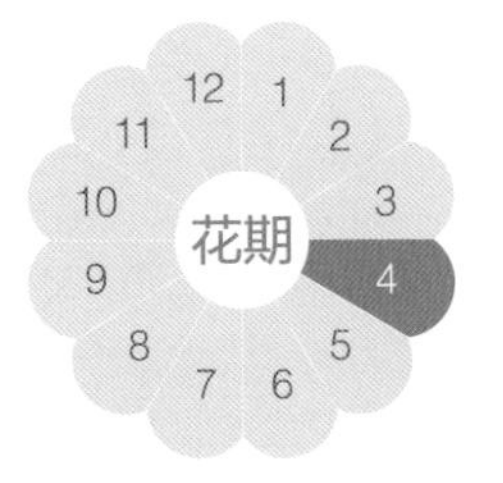

1 花（叶育石／摄）
2 全株（林玲／摄）
3 果（林玲／摄）

形态特征　株高 1.5~4 米。叶片长圆形，两面无毛。圆锥花序被短柔毛；花淡黄色，具兰花香味；侧生退化雄蕊紫红色；唇瓣淡黄色、近圆形。果球形，熟时红色，密被柔毛，果皮薄而脆。花期 4 月，果期 6 月。

生境与分布　产于云南东南部、海南等地，生于海拔 130~300 米的疏林下。越南亦有分布。

经济用途　果实民间作白豆蔻用，芳香健胃。花多繁密，具浓郁兰花香气，是观赏价值极高的芳香型花卉。

山姜

Alpinia japonica (Thunb.)Miq.

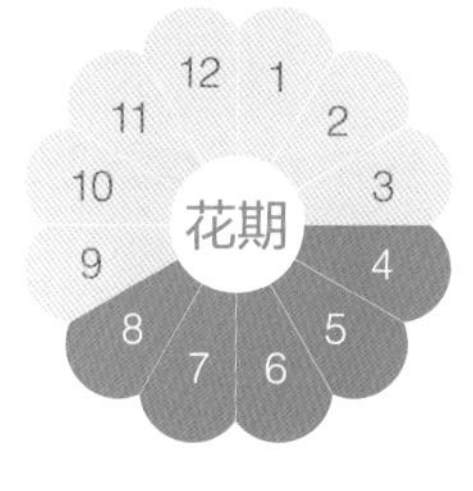

1 全株（林玲／摄）
2 花（林玲／摄）

别名　山姜花，箭杆风，九龙盘，鸡爪莲，姜叶淫羊藿，湘砂仁（湖南），土砂仁（福建、江西），白寒果（广西金秀），九节莲（四川），建砂仁（《中药志》）。

形态特征　株高 35~70 厘米。叶两面被柔毛。总状花序顶生，总苞片红色，具条纹；花萼管状、淡红色；花冠裂片红色，外被茸毛；唇瓣卵形，白色而具红色脉纹。果近球形，熟时橙红色。花期 4~8 月，果期 7~12 月。

生境与分布　产于华东、华中、华南至西南部，生于沟边或林下阴湿处。日本亦有分布。

经济用途　根茎药用理气止痛。果药用芳香健胃。可盆栽供观赏。

1 全株（林玲／摄）
2 果（林玲／摄）
3 花（林玲／摄）
4 花序（刘念／摄）

草豆蔻

Alpinia katsumadai Hayata

别名　豆蔻（《本草图经》《名医别录》）。

形态特征　株高达3米。叶片两面无毛。总状花序顶生，直立，花序轴被粗毛；唇瓣三角状卵形，长3.5~4厘米，边缘及顶端黄色，顶端微2裂，具自中央向边缘放射的彩色条纹。果球形，熟时金黄色，被粗毛。花期4~6月，果期5~8月。

生境与分布　产于广东、广西及海南，生于林中。

经济用途　果实（种子团）药用，主治胃寒胀痛、呕吐、泄泻。可用于庭院造景供观赏。

长柄山姜

Alpinia kwangsiensis T. L. Wu & S. Z. Chen

1 全株（林玲／摄）
2 花（叶育石／摄）
3 果（林玲／摄）

别名　大豆蔻（广西武鸣）。

形态特征　株高 1.5~3 米。叶背密被短柔毛，叶柄长 4~8 厘米。总状花序直立，长 13~30 厘米。小苞片壳状包卷，果时宿存；花萼筒状，淡紫色，被黄色长粗毛；唇瓣卵形，长 2.5 厘米，白色，内染红。果圆被疏长毛。花果期 4~6 月。

生境与分布　产于广东、广西、贵州、云南，生于海拔 580~680 米的山谷林下。

经济用途　根状茎、种子药用，治胃寒呕吐。叶鞘为优质纤维，用于编织制品。

假益智

Alpinia maclurei Merrill

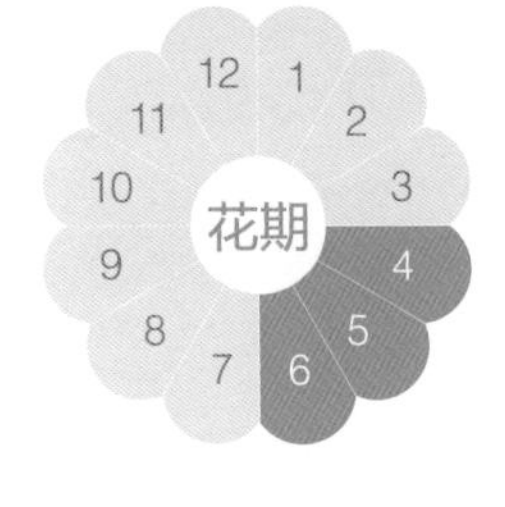

1 花（林玲／摄）
2 全株（叶育石／摄）
3 果（林玲／摄）

形态特征　株高 1~1.8 米。叶鞘、叶舌、叶柄被毛；叶背密被短柔毛。圆锥花序顶生；总苞片 2 枚，外面密被短柔毛；花序轴被灰色短柔毛；花 3~5 朵聚生于分枝的顶端；花白色；唇瓣长圆状卵形，淡黄色，中部通常具 2 条红色脉纹。蒴果球形，果皮易碎。花期 4~6 月。

生境与分布　产于广东、广西、云南、海南，生于林中。越南也有分布。

经济用途　根状茎、种子入药，具有行气功效，主治腹胀、反胃呕吐。花果均美，可供观赏。

黑果山姜

Alpinia nigra (Gaertn.) B. L. Burtt

1 全株（林玲／摄）
2 花（叶育石／摄）
3 果（叶育石／摄）

形态特征　株高 1.5~3 米。叶片各部均无毛，无柄或近无柄。圆锥花序顶生，长达 30 厘米，分枝开展，花序轴及分枝被茸毛；小苞片漏斗形，宿存；唇瓣倒卵形，基部具瓣柄。果圆球形，直径 1.2~1.5 厘米，熟时黑色。花果期 7~8 月。

生境与分布　产于云南西双版纳，生于海拔 900~1100 米的密林中。印度、斯里兰卡、不丹、泰国亦有分布。

经济用途　根茎行气解毒消肿。花色美丽，耐水，可作水生植物种植。

华山姜

Alpinia oblongifolia Hayata

(*A. suishaensis* Hayata)

1 全株（林玲／摄）

2 花（林玲／摄）

别名　箭秆风，九姜连（广东、广西），高良姜（江西），廉姜（《本草拾遗》）。

形态特征　株高约1米。叶两面均无毛；叶舌膜质。圆锥花序，长15~30厘米；花白色；唇瓣卵形，长6~7毫米。果球形，直径5~8毫米。花期5~7月，果期6~12月。

生境与分布　产于东南部至西南部各地区，生于海拔100~2500米的林阴下。越南、老挝有分布。

经济用途　根茎和种子团具有温中暖胃、散寒止痛、除风湿、解疮毒等功效。可作盆花观赏。

高良姜

Alpinia officinarum Hance

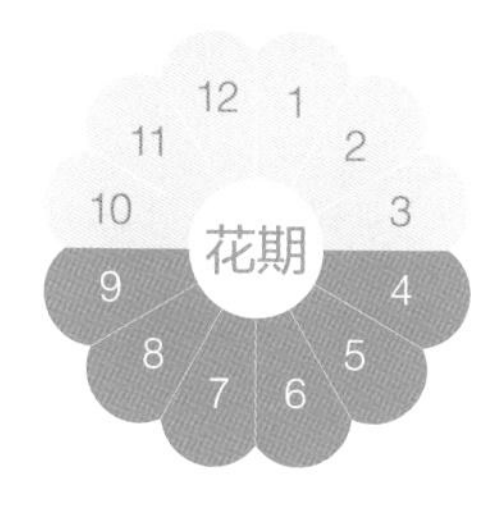

1 全株（林玲／摄）

2 花（林玲／摄）

别名　良姜，小良姜（广东、广西、云南），贺哈（傣族语），蛮姜（《本草纲目》），草子真寒（哈尼语）。

形态特征　株高 40~110 厘米。根茎延长，圆柱形。叶片两面均无毛；叶舌不 2 裂。总状花序顶生；花冠管较萼管稍短；唇瓣卵形，长约 2 厘米，白色而有红色条纹。果球形，直径约 1 厘米，熟时红色。花期 4~9 月，果期 5~11 月。

生境与分布　产于广东、广西、海南，野生于荒坡灌丛或疏林中，四川等地有栽培。

经济用途　根茎供药用和作香料。可植庭园和盆栽观赏。

益智 *Alpinia oxyphylla* Miq.

1 花（林玲／摄）
2 全株（林玲／摄）
3 果（林玲／摄）
4 根茎（林玲／摄）

别名　益智仁，益智子（南方草木状）。

形态特征　株高 1~3 米。茎丛生。叶片披针形，顶端渐狭，具尾尖，基部近圆形；叶舌 2 裂。总状花序在花蕾时包藏于帽状、花时脱落的总苞片中；唇瓣倒卵形，粉白色而具红色脉纹，先端边缘皱波状。果干时纺锤形，果皮上有隆起的维管束线条。花期 3~5 月，果期 4~9 月。

生境与分布　产于海南、广东、广西，云南、福建有引种，生于林下阴湿处或栽培。

经济用途　果实可暖胃温脾，治肾虚遗尿等症。鲜果可制成蜜饯等供食用。可用于庭园和盆栽观赏。

宽唇山姜

Alpinia platychilus K. Schum

花期 4~6月

1 花（叶育石／摄）
2 全株（叶育石／摄）

形态特征　株高 2 米。叶鞘、叶舌均被长柔毛；叶面密被短柔毛，叶背被近丝质茸毛，近无柄。总状花序直立，花序轴被金黄色丝质茸毛；唇瓣黄色染红，倒卵形，长 4.5~7 厘米，宽 8~9 厘米；花丝宽，疏被长柔毛。蒴果球形，熟时黄色，被粗毛。花期 4~6 月，果期 7~9 月。

生境与分布　产于云南南部，生于海拔 750~1600 米的林中湿润之处。

经济用途　新鲜嫩花序可烤熟作野菜食用。可用于庭院观赏。

多花山姜

Alpinia polyantha D. Fang

1 全株（林玲／摄）
2 果（林玲／摄）
3 花（叶育石／摄）

形态特征 茎高达5米。根茎粗，匍匐。叶鞘、叶舌、叶柄均密被茸毛；叶面无毛，叶背被茸毛或无毛。圆锥花序直立；花序轴、分枝和花梗密被茸毛；花萼红色；侧生退化雄蕊红色。蒴果球形，被毛，熟时黄色。花期5~6月，果期10~11月。

生境与分布 产于广西，生于山坡林中。

经济用途 根状茎及种子药用，具有行气消积功效，用于治疗胸闷、反胃、宿食不消等症。花多繁密、美丽，可供观赏。

花叶山姜

Alpinia pumila Hook. F.

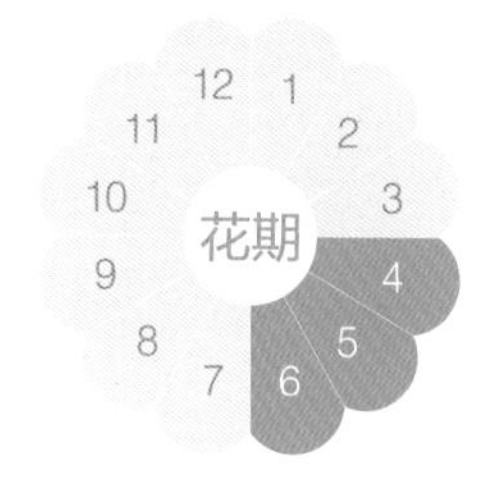

1 花（叶育石／摄）

2 果（林玲／摄）

别名 野姜黄。

形态特征 根茎平卧，无地上茎。叶 2~3 片一丛自根茎生出；叶脉处颜色较深，致叶面有深浅不同的花叶效果；叶鞘红褐色。花白色；花萼管状，红色；唇瓣卵形，白色，有红色脉纹。花期 4~6 月，果期 6~11 月。

生境与分布 产于云南、广东、广西、湖南，生于海拔 500~1100 米的山谷阴湿之处。

经济用途 根茎辛、温，可用于治风湿痹痛、脾虚泄泻、跌打损伤、妊娠恶阻等症。可作耐阴观叶和地被植物。

云南草蔻

Alpinia roxburghii Sweet

（*A. blepharocalyx* K. Schum.）

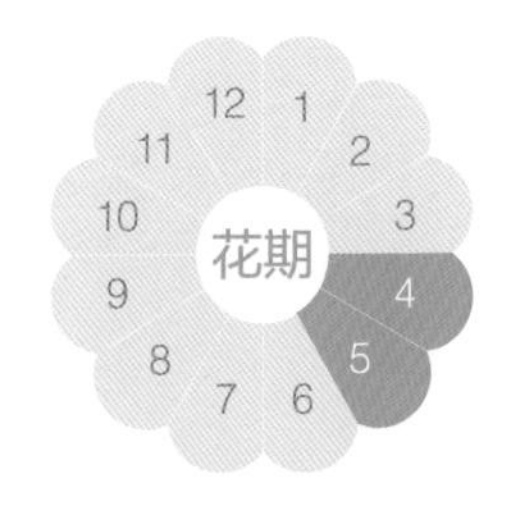

1 全株（林玲／摄）
2 花（叶育石／摄）
3 果（林玲／摄）

别名　绿苞山姜，滇草蔻，小草蔻（云南），小白蔻（广西）。

形态特征　株高 1.5 米以上。叶背密被长柔毛。总状花序长 20~30 厘米，花序轴被粗硬毛；侧生退化雄蕊红色；唇瓣卵形，红色。蒴果长，被柔毛。花期 4~5 月，果期 6~11 月。

生境与分布　产于云南、西藏、广西和广东，生于海拔 400~1800 米的林阴处或林缘、山坡上。越南、印度、缅甸、泰国有分布。

经济用途　种子具有燥湿、祛寒、暖胃、健脾功效。

2

3

皱叶山姜

Alpinia rugosa S. J. Chen & Z. Y. Chen

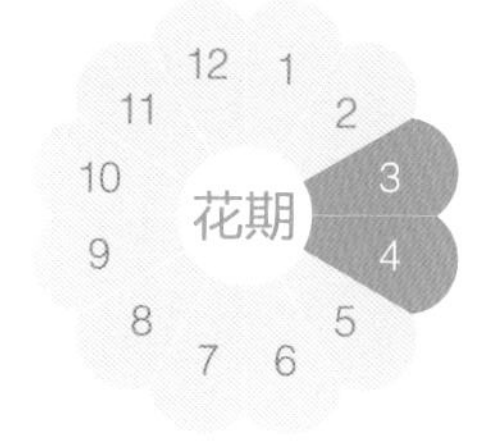

1 全株（林玲／摄）
2 花（林玲／摄）

形态特征　株高 0.6~1.2 米。叶鞘、叶舌、叶柄被柔毛；叶片极皱，叶背密被短柔毛。总状花序顶生，花序轴密被黄色粗毛；花萼管状，粉红色至红色，外面具黄色粗毛；花冠管白色，被短柔毛；唇瓣卵形，橙黄色，有红色斑。蒴果球形，熟时橙黄色。花期 3~4 月，果期 7~8 月。

生境与分布　产于海南保亭，生于林下潮湿处。

经济用途　叶形奇特，观赏性极高，可用于插花和植于庭院供观赏。

四川山姜

Alpinia sichuanensis Z. Y. Zhu
(*A. jianggangfeng* T. L. Wu)

1 全株（叶育石／摄）
2 花（叶育石／摄）

异名　箭杆风。

形态特征　株高约1米。叶先端具细尾尖，两面无毛。总状花序顶生；小花常每3朵一簇生于花序轴上，花序轴被茸毛；唇瓣卵圆形，黄白色而具紫色脉纹；雄蕊较唇瓣为长。蒴果球形，熟时红色。花果期6~11月。

生境与分布　产于我国华南至西南部，多生于林下阴湿处。

经济用途　全草药用治外感风寒。果实药用治健脾消积。果球形，红色，似“佛珠”，果期长达1~2个月，可供观赏。

密苞山姜 *Alpinia stachyodes* Hance

1 全株（林玲／摄）
2 花（林玲／摄）
3 果（叶育石／摄）

别名　箭秆风，一枝箭。

形态特征　株高 0.5~1.5 米。叶鞘、叶舌、叶柄密被茸毛；叶背密被短茸毛。穗状花序顶生；花密集，每 1 苞片内有 2~3 枚小苞片和 2~3 朵小花；苞片和小苞片均密被短茸毛，果时宿存。蒴果球形，熟时红色，密被短柔毛，顶端具宿存花萼。花果期 6~8 月。

生境与分布　产于我国华南至西南部，生于海拔 2300 米以下的林下阴湿处。

经济用途　根状茎药用除湿消肿、行气止痛。

1

艳山姜

Alpinia zerumbet (Pers.) Burtt & Smith

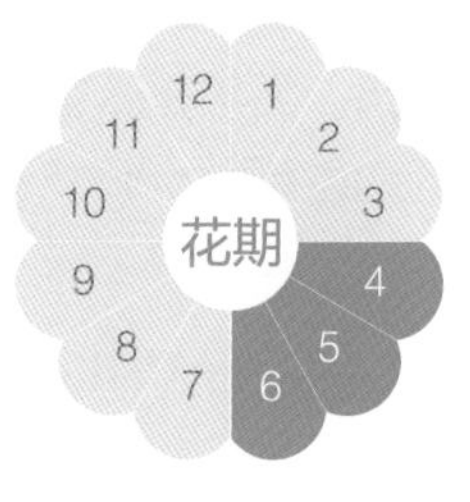

1 全株（林玲／摄）
2 花序（林玲／摄）
3 果（林玲／摄）

别名　玉桃，草扣，红豆蔻花，豆蔻花。

形态特征　株高 2~3 米。叶两面无毛，亮绿色。圆锥花序下垂，花序轴紫红色，被茸毛；总苞片 2~3 枚，革质；小苞片白色，顶端粉红色；唇瓣黄色而有紫红色彩纹。果有棱，熟时朱红色。花期 4~6 月，果期 7~10 月。

生境与分布　产于我国东南部至西南部各地区，生于山谷林下。热带亚洲广布。

经济用途　根茎和果实均入药，果作调料或提取芳香油。叶鞘作纤维材料。叶片可用于包裹食品。嫩根茎腌制食用。可作园林植物。

2

3

二 豆蔻属 *Amomum* Roxb.

常绿直立草本，以散生种类为主，也有丛生种类。与山姜属的主要区别在于本属的花序自根状茎发出，而不是顶生。总花梗短或埋入土中，花序基部无不育的总苞片，小苞片管状，唇瓣内凹，短而宽，白色或黄色而有红色条纹，雄蕊较唇瓣为短，果平滑或具翅，或具柔刺。

全世界约150种，分布于亚洲及大洋洲的热带地区。我国约39种，产于南部至西南部。

爪哇白豆蔻

Amomum compactum Solander ex Maton

1 全株（叶育石／摄）
2 花（叶育石／摄）

别名 白豆蔻（通称），多骨（《本草拾遗》），壳蔻（《本经逢原》），白蔻（《本草经集注》）。

形态特征 株高1~1.5米。叶两面无毛，揉之有松节油味。穗状花序圆柱形；总花梗长达8厘米；苞片卵状长圆形，麦秆色，宿存；花冠白色；唇瓣椭圆形，中部有带紫边的橘红色带，被毛。果扁球形，干时具9条槽。花期2~5月，果期6~8月。

生境与分布 原产印度尼西亚爪哇岛。海南有引种。

经济用途 中药“豆蔻”的基源植物之一，干燥果实入药和作调料食用。

九翅豆蔻

Amomum maximum Roxb.

1 全株（林玲／摄）
2 花（邹璞／摄）
3 果（林玲／摄）

别名 邓嘎（广西凭祥），灯笼果（广西南宁）。

形态特征 丛生，株高 2~3 米。叶背被白色柔毛。穗状花序近球形，直径约 5 厘米；唇瓣卵圆形，长约 3.5 厘米，白色，中脉两侧黄色，基部两侧有红色条纹，药隔附属体半月形。蒴果卵圆形，长 2.5~3 厘米，紫绿色，果具明显的 9 翅。花期 4~6 月。

生境与分布 产于广东、广西、云南、海南、西藏，生于海拔 200~800 米的林中潮湿处。东南亚至南亚亦有分布。

经济用途 果实药用开胃、消食，可生食和作调味香料。假茎嫩心可食用。可作林下经济植物。

波翅豆蔻 *Amomum odontocarpum* D. Fang

1 全株（林玲／摄）
2 花（林玲／摄）
3 果（林玲／摄）

别名　阪姜（广西西林），野薄荷。

形态特征　丛生，高 1~1.5 米。叶舌 2 裂，叶两面无毛。花序梗长 2~5 厘米；苞片紫红色；花萼紫红色；唇瓣倒卵形，白色，中脉橙黄色，两侧具红色斑点和清晰脉纹辐射到边缘。果近卵状球形，成熟时暗紫褐色，密被短柔毛，具 9 翅；果梗长 1~1.5 厘米。花期 4~7 月。

生境与分布　产于云南、广西，生于海拔 1550 米的山坡疏林下。

经济用途　根状茎外用可治毒蛇咬伤。果实用于治疗脘腹胀痛。鲜果味酸甜可食用，富含天然色素。可作林下经济植物。

疣果豆蔻 *Amomum muricarpum* Elmer

1 全株（林玲／摄）
2 花（林玲／摄）
3 花（叶育石／摄）

别名　牛牯缩砂，波罗砂（广东），大砂仁（广西龙州），箭猪刺（广西防城港）。

形态特征　散生，株高 2~3 米。叶两面无毛。穗状花序卵形，长 6~8 厘米，唇瓣倒卵形，杏黄色，中脉有紫色脉纹及斑，药隔附属体半圆形。蒴果椭圆形或球形，熟时深紫红色，被黄色柔毛及鹿角状柔刺。花期 5 月，果期 8~10 月。

生境与分布　产于广西、海南、广东，生于海拔 170~1000 米的山坡林中或栽培。菲律宾、老挝、越南亦有分布。

经济用途　果实药用，具有开胃、消食、行气和中、止痛安胎等功效。

草果

Amomum tsaoko Crevost & Lrmarie

1 全株（林玲／摄）
2 花（叶育石／摄）
3 果（林玲／摄）

别名　红草果，麻吼（广西那坡）。

形态特征　茎丛生，高达 3 米，全株有辛香气。叶舌全缘，长 0.8~1.2 厘米。总花梗密被鳞片，花橙红色，唇瓣长 2.7 厘米，蒴果熟时红色，干时褐色，具皱缩的纵线条，种子多角形，有浓郁的香味。花期 4~6 月，果期 9~12 月。

生境与分布　产于西南部地区，栽培或野生于海拔 1100~1800 米的疏林下。

经济用途　果实入药除瘀消食，可作调味香料。全株可提取芳香油。

白豆蔻

Amomum verum Blackw.
(*A. kravanh* Gagnep.)

1 全株（刘念／摄）
2 花序（刘念／摄）
3 花（叶育石／摄）

别名　豆蔻。

形态特征　茎丛生，高达 3 米。叶两面无毛，叶鞘口及叶舌密被长粗毛。穗状花序从根状茎上发出，圆柱形，密被覆瓦状排列的苞片；苞片三角形，麦秆黄色，具明显的方格状网纹；唇瓣椭圆形，内凹，中央黄色。果近球形，有 6~7 条浅槽及略隆起的纵线条。花期 5 月，果期 6~8 月。

生境与分布　原产柬埔寨、泰国。云南、海南有少量引种栽培。

经济用途　中药“豆蔻”的基源植物之一。干燥果实、花都能入药。种子可提取芳香油。

砂仁

Amomum villosum Lour.

花期：5~6月

1 花（叶育石／摄）
2 全株（林玲／摄）
3 根茎（林玲／摄）
4 果（叶育石／摄）

别名　阳春砂仁，春砂仁，长泰砂仁。

形态特征　株高 1.5~3 米。根状茎匍匐地面生长。穗状花序自根状茎生出；唇瓣圆匙形，直径 1.6~2 厘米，黄色而染红。蒴果椭圆形，熟时紫红色，干时褐色，表面被分裂或不分裂的柔刺。花期 5~6 月，果期 8~9 月。

生境与分布　产于广东、广西、云南、贵州和四川，栽培或野生于山地阴湿之处。印度、东南亚国家亦有分布。

经济用途　果实供药用，具有化湿开胃、温脾止泻、理气安胎功效。

常绿或落叶草本。叶基生或茎生。花序顶生或生于直接从根状茎发出的花莛的顶部，苞片 2 列，侧生退化雄蕊较花冠裂片为宽，唇瓣大，深内凹，花药基部无距。

全世界约 50 种，分布于热带亚洲。我国有 3 种，均产于云南。

1 全株（林玲／摄）
2 花（叶育石／摄）

心叶凹唇姜

Boesenbergia maxwellii Mood & al.

形态特征 株高 40~65 厘米。叶鞘绿色；叶 4~6 片，卵形或长圆形，两面无毛，基部心形。穗状花序生于根状茎生出的花莛上，有花 3~6 朵；苞片船形，外面紫红色、淡绿色或红绿色；唇瓣倒卵状，中脉及中间部分深红色，基部两侧白色至乳白色，中部至顶端粉红色。果圆柱状。花期 5~9 月。

生境与分布 产于云南中部和南部，生于海拔 700~1900 米的山地林中阴湿处。印度、老挝、缅甸、泰国亦有分布。

经济用途 花艳丽，可作盆栽观赏和庭院点缀。

1

2

凹唇姜

Boesenbergia rotunda (L.) Mansf.

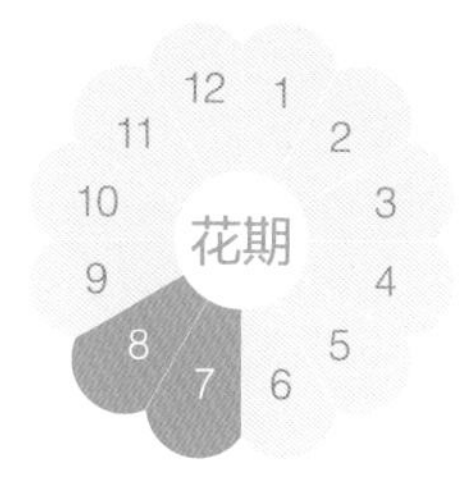

1 全株（叶育石／摄）
2 花（叶育石／摄）

形态特征　株高50厘米。地上茎无。叶3~4片基生，两面均无毛，基部圆形或楔形；叶鞘红色。穗状花序藏于顶部叶鞘内，花芳香；侧生退化雄蕊倒卵形，粉红色；唇瓣宽长圆形，白色或粉红色而具紫红色彩纹。果未见。花期7~8月。

生境与分布　产于云南西双版纳，生于海拔980米的密林中。印度、斯里兰卡及印度尼西亚亦有分布。

经济用途　根状茎药用，治疗肠胃气胀及腹泻，亦可作调料。花叶色艳丽，可作盆栽或地被植物观赏。

四　姜黄属 *Curcuma* L.

多年生落叶草本。根状茎肉质发达，根尖常具肉质块根。叶基生。花序通常呈球果状，苞片基部互相连合呈袋状，内藏小花 2~10 朵，上部分离部分扩展，花序顶部的苞片通常不育。根茎内部的颜色和苞片的颜色，尤其是冠苞片的颜色，常作为种类鉴别的特征。

全世界约有 80 种，分布于热带亚洲从印度、南亚、东南亚、巴布亚新几内亚至澳大利亚北部。我国有 15 种，产东南部、南部至西南部。

姜荷花 *Curcuma alsimatifolia* Gagnep.

1 全株（林玲 / 摄）
2 花（林玲 / 摄）

别名　泰国郁金香。

形态特征　株高 0.4~0.8 米。主根茎与侧根茎形状相似，纺锤形；根粗短，肉质块根多。叶中脉两侧具紫色带。穗状花序顶生，明显高出叶面；冠苞片具有紫色、粉红、白色等颜色；花冠裂片白色或带淡紫罗兰色；唇瓣倒卵形或楔形，淡紫罗兰色，中部具 2 条纵向脉纹。花期 6~10 月。

生境与分布　原产东南亚。我国台湾、海南、广东、福建、浙江等地有引种。

经济用途　可作切花、盆花和景观花海观赏。

郁金

Curcuma aromatica Salisb.

1 全株（刘念／摄）
2 花（叶育石／摄）

别名　毛郁金。

形态特征　株高 0.6~1 米。根状茎断面黄色，具纺锤形膨大的块根。叶背面密被短柔毛。穗状花序基生，先叶之前或与叶同出；不育苞片淡粉红色，具白色条斑；花冠管喉部具长柔毛，裂片淡粉红色；侧生退化雄蕊和唇瓣黄色。花期 4~5 月。

生境与分布　产于我国东南部至西南部，栽培或野生于林下。印度、缅甸、斯里兰卡亦有分布。

经济用途　根状茎行气破血、消积止痛，为“姜黄”药源之一。块根清心解郁、利胆退黄。可作盆花观赏。

春秋姜黄

Curcuma australasica Hook.f.

形态特征 株高 30~80 米。主根茎与侧根茎形状相似，近圆形。叶两面无毛，中脉两侧具紫色带。侧生花序春季由根茎抽出，顶生花序夏季由叶鞘内抽出，从侧生花序至顶生花序不间断。冠苞片紫红色，偶见白色。花果期 5~11 月。

生境与分布 原产巴布亚新几内亚及澳大利亚。广东有引种。

经济用途 宜作盆花、切花，或作庭园、浅水景观观赏。

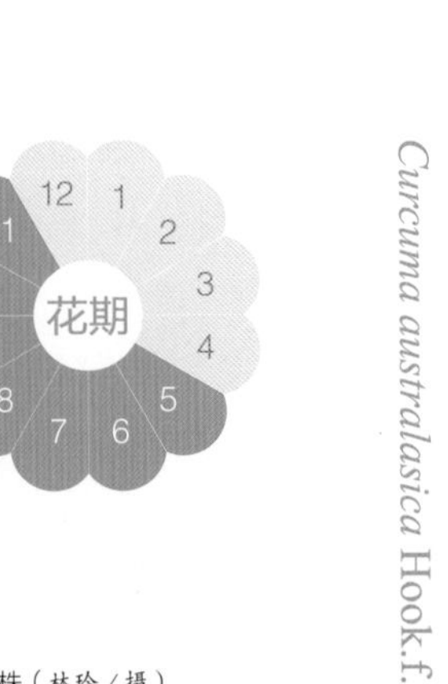

1 全株（林玲／摄）
2 花（林玲／摄）

大莪术

Curcuma elata Roxb.

1 花（林玲／摄）
2 全株（林玲／摄）

形态特征　株高1.3~1.8米。根状茎内面淡黄色。叶面无毛，背面密被短柔毛，中脉及两侧具浅紫色带，叶鞘淡红褐色。穗状花序基生，先叶而出。不育苞片紫红色，长6~8厘米，宽3~4厘米。侧生退化雄蕊和唇瓣黄色。花期4~5月。

生境与分布　产于云南、广西，生于海拔800米以下的疏林下。缅甸、泰国、越南亦有分布。

经济用途　可作切花、盆花和园林花海观赏。

广西莪术

Curcuma kwangsiensis S. G. Lee & C. F. Lang

1 全株（林玲／摄）
2 花（林玲／摄）

别名　毛莪术，桂莪术（《中药志》）。

形态特征　株高30~70厘米。主根茎卵形，断面灰白色，侧根茎不发达。叶鞘通常红褐色；叶两面密被短柔毛，紫色带有或无。穗状花序春季基生，秋季顶生；不育苞片红色、粉红色或白色；花冠裂片红色；侧生退化雄蕊和唇瓣淡黄色。蒴果近球形。花果期5~7月、6~8月。

生境与分布　产于广西、云南，华南至西南多有栽培。

经济用途　干燥根茎为药材“莪术”，具有行气破血、消积止痛功效；干燥块根为药材“郁金”，具有行气化瘀、清心解郁功效。可盆栽供观赏。

姜黄

Curcuma longa L.

1 全株（林玲/摄）
2 花（林玲/摄）
3 花（林玲/摄）

别名 黄姜，黄丝郁金（《中药志》)，郁金（《新修本草》)。

形态特征 株高 0.7~1 米。根茎断面橙黄色或深黄色。叶鞘绿色；叶两面无毛。穗状花序顶生；可育苞片绿色，不育苞片白色、顶端淡绿色或有时淡紫红色。花淡黄色。花期 7~8 月。

生境与分布 原产地不明，现长江以南广泛栽培。亚洲热带地区广泛栽培。

经济用途 干燥根茎为药材“姜黄”，破血行气、通经止痛、祛风疗痹，可作香料、染料、化妆品等。干燥块根为药材“黄丝郁金”，行气化瘀、清心解郁、利胆退黄。

南昆山莪术

Curcuma nankunshanensi N. Liu, X. B. Ye & J. Chen

1 花序（林玲／摄）
2 小花（林玲／摄）
3 群体（林玲／摄）

形态特征　株高 70~110 厘米。根茎断面灰白色，常仅一侧的侧根茎发达。叶鞘红褐色；叶幼时中脉有成熟后消失的淡紫色带；叶面无毛，背面被短柔毛。穗状花序春季基生，秋季顶生；可育苞片绿色；不育苞片浅红色、基部白色；花冠裂片紫红色；侧生退化雄蕊和唇瓣黄色。果近球形。花果期 4~5 月、7~8 月。

生境与分布　产于广东南昆山，生于海拔 500 米的疏林下。

经济用途　可作切花和盆栽观赏。

女王郁金

Curcuma petiolata Roxb.

1 全株（林玲／摄）

2 花序（林玲／摄）

别名　长序郁金。

形态特征　株高 70~120 厘米。根茎断面淡黄色。叶两面无毛，叶基心形或近圆形，侧脉槽明显。穗状花序顶生，长达 30 厘米，花序梗长 8~22 厘米；可育苞片近白色、边缘紫红色，不育苞片紫红色，色泽鲜艳。无果。花期 6~9 月。

生境与分布　原产于印度和东南亚。我国有引种栽培。

经济用途　可作高档切花，亦适于庭植或大型盆花。

红火炬郁金

Curcuma petiolata 'Red Torch'

1 小花（林玲/摄）
2 花序（林玲/摄）
3 全株（林玲/摄）

形态特征 株高约50厘米。主根茎与侧根茎形状相似，卵圆形，块根纺锤形或近椭球形。叶背被茸毛，叶基心形或近圆形，侧脉槽明显。穗状花序顶生，略低于叶片，长约30厘米、直径约10厘米。苞片莲座状排列，顶部苞片紫红色，下部苞片深红色，色泽鲜艳。单花序观赏期约为30天。花期7~10月。

生境与分布 广东有引种栽培。

经济用途 可作高档切花和盆花。

莪术

Curcuma phaeocaulis Valet.

别名　蓬莪术，蓝心姜，黑心姜，凤姜，蓬莪，黑褐姜黄。

形态特征　株高 0.7~1 米。根状茎断面蓝紫色至黄色。叶鞘深红褐色；叶具明显的紫色带，叶面无毛，叶背被稀疏短柔毛。穗状花序侧生；冠苞片白色、顶端红色；花冠裂片红色。无果。花期 4~5 月。

生境与分布　产于云南南部、广西等地。印度尼西亚、越南亦有分布。

经济用途　干燥根茎为药材“莪术”，破瘀行气、消积止痛。干燥块根为药材“绿丝郁金”，功效同“郁金”。可庭植或盆栽观赏。

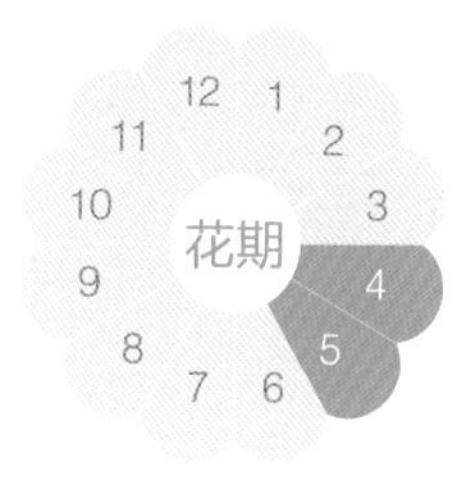

1 花（叶育石／摄）
2 全株（叶育石／摄）
3 根茎断面（叶育石／摄）

1

2

红柄郁金 *Curcuma rubescence* Roxb.

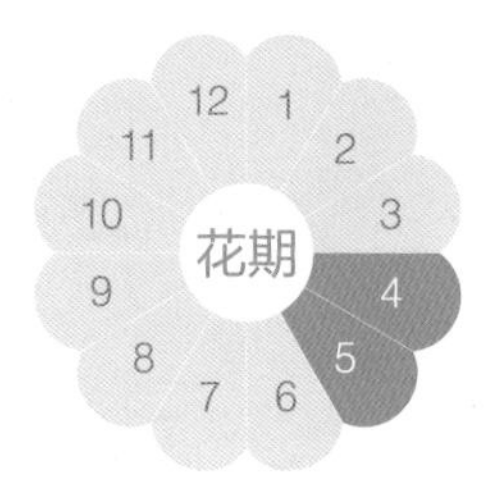

1 全株（林玲 / 摄）

2 花序（林玲 / 摄）

形态特征　株高 0.6~1 米。叶鞘、叶柄及中脉紫红色，叶片长圆形或狭卵形，叶面具紫红色带。穗状花序春季侧生；不育苞片紫红色或粉红色；花黄色。花期 4~5 月。

生境与分布　原产于印度、缅甸，东南亚常有栽培。广东有引种栽培。

经济用途　适宜园林布景或盆栽观赏。

川郁金

Curcuma sichuanensis X. X. Chen

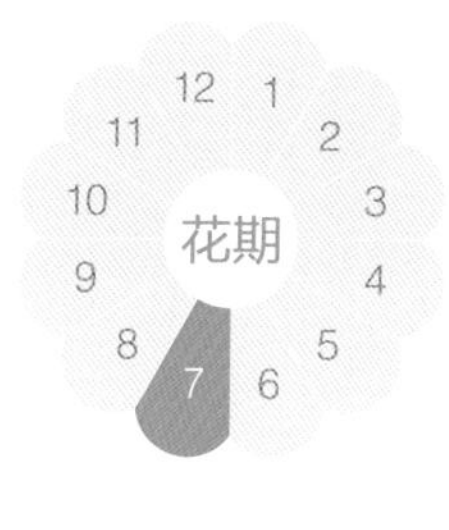

别名　土文术（四川），川莪术、白丝郁金（《中药志》）。

形态特征　株高 0.7~1.2 米。根状茎内面白色或淡黄色。叶两面无毛。穗状花序顶生；可育苞片绿色，不育苞片淡粉红色、顶端粉红色。花黄色。花期 7 月。

生境与分布　产于四川、云南，生于海拔约 900 米的河边或路旁。

经济用途　根状茎及块根供药用，具有活血止痛、行气解郁、清心凉血、疏肝利胆功效。可作切花和庭院点缀或盆栽观赏。

1 花（叶育石／摄）
2 全株（叶育石／摄）

温郁金

Curcuma wenyujin Y. H. Chen & C. Ling

1 全株（叶育石／摄）
2 花序（林玲／摄）
3 小花（林玲／摄）

形态特征 株高 0.4~1.6 米。根状茎内面淡黄色。叶两面无毛，基部近圆形或宽楔形。穗状花序春季侧生；可育苞片绿色，不育苞片淡红色或白色；花冠裂片白色。无果。花期 3~4 月。

生境与分布 产于浙江瑞安，栽培或生于灌草丛中或路旁向阳处，广东、广西有栽培。

经济用途 干燥根茎为中药“莪术”，行气破血、消积止痛；干燥块根为中药“郁金”，活血止痛、行气解郁。可盆栽观赏。

顶花莪术

Curcuma yunnanensis N. Liu & S.J. Chen

形态特征　株高0.6~1.5米。根状茎断面黄色、中柱鞘淡蓝色。叶鞘锈红色或紫红色；叶两面无毛，具紫色带。穗状花序秋季顶生；可育苞片绿色，边缘浅紫红色；不育苞片顶部紫红色，基部白色；小苞片粉红色；花冠管淡红色，裂片红色。花期7~8月。

生境与分布　产于云南，生于灌草丛中或路旁向阳处。

经济用途　可作切花和盆栽观赏。

1 花（刘念／摄）

2 全株（刘念／摄）

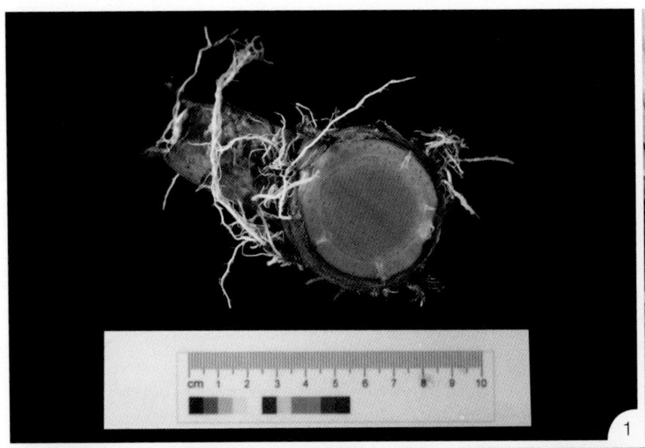

印尼莪术

Curcuma zanthorrhiza Roxb.

1 根茎断面（林玲／摄）
2 全株（林玲／摄）
3 叶（林玲／摄）

别名　黄红姜黄。

形态特征　株高 0.9~1.6 米。根状茎断面橙黄色或橙红色，块根断面黄色。叶具紫色带，两面无毛。穗状花序春季侧生；可育苞片绿色、边缘红色；不育苞片粉红色至深粉红色；花冠裂片浅粉红色。果未见。花期 5~6 月。

生境与分布　产于云南南部，生于海拔 600~800 米的河岸边、林缘和路旁。印度尼西亚爪哇岛、马来西亚、泰国亦有分布。

经济用途　根状茎、块根药用，具有降血脂、减肥等功效。作莪术用，马来西亚榨汁擦治疗丘疹。花、嫩茎可以生吃或煮熟食用。可盆栽观赏。

五 茴香砂仁属 *Etlingera* Giseke

常绿、高大草本。唇瓣远较花冠裂片为长，基部和花丝连合成管，上部离生部分舌状，颜色艳丽，常有 3 裂片，中裂片全缘或 2 裂，基部两侧的裂片常内卷呈筒状，花丝的离生部分短，花药隔无附属体。

全世界约有 70 种，分布于热带亚洲及澳大利亚北部。我国连引入栽培的共 4 种。

火炬姜 *Etlingera elatior* (Jack) R. M. Smith

1 群株（林玲／摄）
2 花（林玲／摄）
3 花（林玲／摄）

别名 瓷玫瑰，玫瑰姜，菲律宾蜡花。

形态特征 植株丛生，株高 2.5~5 米。无叶的叶鞘紫红色，具叶的叶鞘黄绿色。头状花序生于粗壮、长逾 1 米的花莛上，具玫瑰红色的总苞片，花冠粉红色或红色，有时白色，唇瓣深红色，具黄色边缘。花序像一把把火炬，蔚为壮观。果淡红色，倒卵形。花期 4~10 月。

生境与分布 原产东南亚，生于低海拔热带雨林中。我国台湾、海南、云南等地有引种。

经济用途 可作鲜切花和大型盆栽供观赏。

1

2

红茴香

Etlingera littoralis (J. Konig) Giseke

1 花（叶育石／摄）

2 全株（叶育石／摄）

形态特征　株高 1.5~3 米。头状花序自根状茎生出。花红色，4~12 朵一齐开放；唇瓣鲜红色，基部卵形，两侧沿中脉呈 90° 向上折，离生部分舌状。果近球形。花期 5~6 月。

生境与分布　产于海南，生于海拔 200~300 米的林中或溪旁潮湿处。印度尼西亚、马来西亚、泰国有分布。

经济用途　株形挺拔，花色艳丽，花形优美。可作林下、坡地的地被植物。

紫茴砂

Etlingera pyramidosphaera (K. Schum.) R. M. Smith

别名　印尼玫瑰姜。

形态特征　本种与火炬姜相近，但叶背紫红色或淡紫红色，无毛，极易识别。穗状花序基生，总苞片红色至淡粉红色，唇瓣边缘黄色，内面红色，十分美丽。果序头状；果有25~40个，半球形。花期5~6月。

生境与分布　原产加里曼丹岛，生于海拔50~900米潮湿的山谷林中或河岸边。我国有引种。

经济用途　可作鲜切花和大型盆栽供观赏。

1 花（叶育石/摄）
2 全株（叶育石/摄）

茴香砂仁

Etlingera yunnanense (T. L. Wu & S. J. Chen) R. M. Smith

别名 “麻亮不”（傣族语）。

形态特征 植株丛生，株高 1.5~3 米。叶两面无毛。头状花序自根状茎生出，贴近地面，揉之有茴香味。花通常 3~6 朵一轮齐开放，像一个精美图案；苞片卵形，红色；唇瓣边缘黄色，中央红色。蒴果陀螺状，紫红色，密被短柔毛。花期 6 月。

生境与分布 产于云南西双版纳，生于海拔 600~700 米的密林潮湿处或林缘溪旁。老挝也有分布。

经济用途 根茎药用（傣药），主治小便热涩疼痛等症。可作大型盆栽观赏。

1 花（刘念 / 摄）
2 叶（叶育石 / 摄）

六 舞花姜属 *Globba* Linn.

落叶直立草本。根状茎匍匐。唇瓣基部与花丝连合，位于花冠裂片及侧生退化雄蕊之上一段距离，花丝通常较唇瓣为长。子房 1 室，侧膜胎座。

全世界约有 100 种，分布于亚洲热带地区及巴布亚新几内亚。我国有 5 种。

毛舞花姜

Globba marantiana L.

(*G. barthei* Gagnep.)

1 花（叶育石／摄）

2 植株（叶育石／摄）

形态特征 全株被毛，株高 0.3~0.7 米。叶片两面密被短柔毛。聚伞状圆锥花序，顶生，上部多分枝，花密集；不育苞片内有灰白色珠芽；花各部橙黄色；花药每侧具 2 个翅状附属物，被毛。花期 8 月。

生境与分布 产于云南南部，生于海拔 200~1000 米的密林中或林缘路旁。东南亚有分布。

经济用途 全草药用，温中散寒、祛风活血。可作小型盆栽和林下地被植物。

舞花姜

Globba racemosa Smith

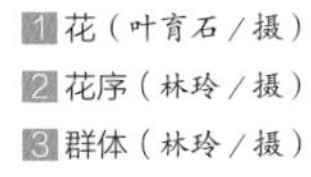

1 花（叶育石／摄）
2 花序（林玲／摄）
3 群体（林玲／摄）

形态特征 株高 0.5~0.9 米。叶片无毛或两面沿脉有毛，基部锐尖，先端尾状。花黄色，具黄色腺点，花冠管长约 1 厘米，唇瓣倒楔形，顶端 2 裂，反折，生于花丝基部稍上处。果圆形或长圆形，黄绿色。花期 6~9 月。

生境与分布 产于我国南部至西南部，生于海拔 400~1300 米的山谷林中或溪旁。印度、缅甸、泰国亦有分布。

经济用途 根茎药用，治水肿等症。果药用，具有补脾健胃功效。可作小型盆栽及切花材料，也可作林下地被植物。

双翅舞花姜

Globba schomburgkii Hook. f.

1 花和珠芽（叶育石 / 摄）
2 花（林玲 / 摄）
3 全株（林玲 / 摄）

形态特征　株高30~50厘米。叶无毛。圆锥花序下垂，上部分枝长正常花朵，下部无分枝，仅长灰白色珠芽，珠芽有时在花序轴上直接长出幼苗；花黄色，唇瓣黄色，狭楔形；花丝弯曲；花药每侧具2个三角形翅状附属物。花期8~9月。

生境与分布　产于云南，生于海拔约1300米的林缘潮湿处。缅甸、泰国、越南亦有分布。

经济用途　花色艳丽，宜作花坛、花境栽植，也可作小型盆栽和林下地被植物。

七　姜花属 *Hedychium* J. Konig

陆生或附生、常绿或落叶直立草本。穗状花序顶生，花多而密，苞片覆瓦状或卷筒状排列。花冠管细长，侧生退化雄蕊花瓣状，较花冠裂片大，唇瓣大，通常 2 裂，花丝细长，花药无距，药隔无附属体。

全世界约 50 种，分布于亚洲热带地区。我国有 27 种，产西南部至南部。

碧江姜花 *Hedychium bijiangense* T. L. Wu & S. J. Chen

1 全株（林玲／摄）
2 花序（林玲／摄）

形态特征　株高 1.2~1.8 米。叶两面无毛，叶舌椭圆形。苞片内卷呈管状，内有花 2~3 朵；花鲜黄色；花冠管比苞片长约 1 厘米；唇瓣倒卵状楔形；雄蕊鲜红色，花丝比唇瓣长。花期 7~8 月。

生境与分布　产于云南原碧江县、福贡县和潞西市，生于海拔 1900~3200 米的潮湿阔叶林下。

经济用途　花红黄相映，明亮鲜艳，极具观赏价值。

矮姜花

Hedychium brevicaule D. Fang

1 花（刘念／摄）
2 全株及根茎（刘念／摄）
3 全株（刘念／摄）

别名　那坡姜花（广西），野山姜（广西那坡）。

形态特征　株高30~60厘米，具肉质根。叶片倒卵圆形或卵圆形，叶舌长2~5厘米。穗状花序长8~14厘米；苞片卷筒状、锈褐色；花白色，微香；侧生退化雄蕊倒披针形；唇瓣阔卵形，花丝与唇瓣等长或稍长，花药长9毫米。花期2月。

生境与分布　产于广西那坡、靖西，生于海拔500~883米的石山林中石上。

经济用途　根状茎药用，用于治疗咳嗽痰喘、支气管哮喘。可作小型盆栽，也可作林下地被植物。

黄白姜花

Hedychium chrysoleucum Hook (*H. emeiense* Z. Y. Zhu)

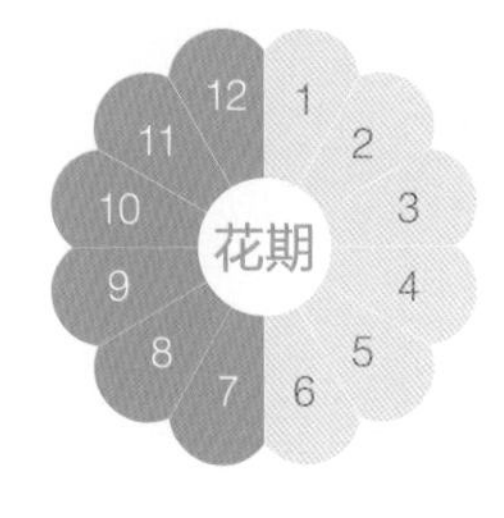

1 花（林玲／摄）

2 全株（林玲／摄）

别名 峨眉姜花，香花洋姜，良姜，艳姜花。

形态特征 株高1~2米。叶鞘、叶舌、花序轴、苞片均被长柔毛，叶舌膜质。穗状花序顶生，苞片浅褐色；在小花开放后，花序上半部的苞片卷筒状排列、下半部的覆瓦状排列。花黄色或黄白色，具兰花香；侧生退化雄蕊椭圆状披针形；唇瓣中间有橙黄色斑块。花期7~12月。

生境与分布 产于云南、四川，生于海拔600~1000米的林下阴湿处与林缘。印度亦有分布。

经济用途 根茎解表散寒、利湿消肿。果实温胃止呕、消食。幼芽可作蔬菜。全株可作猪、牛等牲畜饲料。

红姜花

Hedychium coccineum Smith

1 全株（刘念／摄）
2 花（刘念／摄）

别名　野姜。

形态特征　株高 1.5~2 米。叶舌长 1~2.5 厘米；叶片狭长圆形。穗状花序密生多花，苞片卷筒状；花鲜红色；花丝明显长于唇瓣，唇瓣近圆形。蒴果球形。花期 6~9 月。

生境与分布　产于广西、西藏、云南南部，生于海拔 400~900 米的常绿阔叶林中边缘向阳处。沿喜马拉雅诸国，不丹、印度等有分布，欧洲有栽培。

经济用途　根茎入药，治哮喘。可作鲜切花和栽培供观赏，也可用于园林造景点缀。

姜花

Hedychium coronarium Koenig

1 花序（林玲／摄）
2 全株（叶育石／摄）

别名　白姜花，蝴蝶花，夜寒苏，白草果，路边姜，土羌活，良姜，山姜活，傣哼蒿（傣族语）。

形态特征　株高 0.9~2 米。叶正面光滑无毛，背面被短柔毛或疏柔毛。穗状花序椭圆形；苞片覆瓦状排列，每苞片内有 3~5 花；花大、白色、芳香；唇瓣倒心形。蒴果近长圆形。花期 6~11 月。

生境与分布　产于我国东南部、南部至西南部，生于山地林缘潮湿处或栽培。亚洲南部至东南部及澳大利亚亦有分布。

经济用途　根茎祛风散寒、温经止痛。嫩芽与花可食。是我国台湾、香港、澳门和珠三角地区传统切花和供佛用花。

密花姜花

Hedychium densiflorum Wall.

1 全株（王文通／摄）
2 花序（林玲／摄）

形态特征　株高 0.8~1.2 米。叶两面无毛。穗状花序密生多花；苞片卷筒状，内生 1（2）花；花红色，花冠管长 2.5~3 厘米，侧生退化雄蕊长约 2 厘米，唇瓣楔形，长 1.6 厘米，顶端深 2 裂。雄蕊较唇瓣略长。花期 6~7 月。

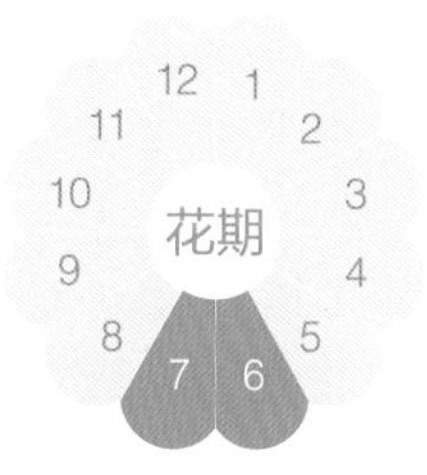

生境与分布　产于云南、西藏，生于海拔 1700~2300 米的山坡林下或附生于树上或石上。印度、不丹、尼泊尔亦有分布。

经济用途　根茎入药，温中散寒、止痛消食。可作切花和盆栽供观赏。

黄姜花

Hedychium flavum Roxb.

1 全株（林玲／摄）
2 花序（林玲／摄）

别名　月家草。

形态特征　株高1.5~2米。叶舌长2~5厘米；叶两面无毛。苞片覆瓦状排列，每苞片内有3~5花，花黄色，具药辛香；侧生退化雄蕊镰片状披针形，明显比唇瓣小；唇瓣倒心形。花期7~9月。

生境与分布　产于广西、贵州、云南、四川、西藏，生于海拔900~1600米的山坡阔叶林缘或山谷潮湿密林中。印度、缅甸、泰国亦有分布。

经济用途　根茎入药，治咳嗽。花入药，温中散寒、健胃止痛。嫩花序食用。可作香型切花，为佛教的“五树六花”之一。

广西姜花

Hedychium kwangsiense T. L. Wu & S. J. Chen

1 全株（高丽霞／摄）

2 花序（叶育石／摄）

别名　卡现（广西龙州）。

形态特征　株高 1~1.2 米。叶片披针形至长圆形。穗状花序密生多花，长 10~20 厘米，花序轴被棕色粗长毛；苞片卷筒状排列、褐色，每苞片内有花约 3 朵，花白色，辛药味；唇瓣 2 深裂至近基部，裂片长圆形。果实近卵球形，密被锈色长柔毛。花期 1~3 月，果期 3~5 月。

生境与分布　产于广西、贵州，生于海拔 170~1000 米的石山林中石上。

经济用途　根状茎入药，外用于疮疡肿毒。可盆栽观赏。

草果药
Hedychium spicatum Smith

1 全株（刘念／摄）
2 花（刘念／摄）

别名　豆蔻，疏穗姜花，良姜。

形态特征　株高 0.8~1.2 米。穗状花序顶生，苞片卷筒状，每苞片 1 花；花芳香，淡黄色；唇瓣倒卵形，裂为 2 瓣；花丝红色，较唇瓣为短。蒴果扁球形，直径 1.5~2.5 厘米。花期 7~8 月，果期 10~11 月。

生境与分布　产于云南、四川、西藏、广西，生于海拔 1200~3000 米的山坡林下或林缘。尼泊尔、缅甸、泰国亦有分布。

经济用途　根茎入药，温中、理气、止痛。果实入药，温中散寒、理气消食。可作切花和庭院点缀或林下绿化。

毛姜花

Hedychium villosum Wall.

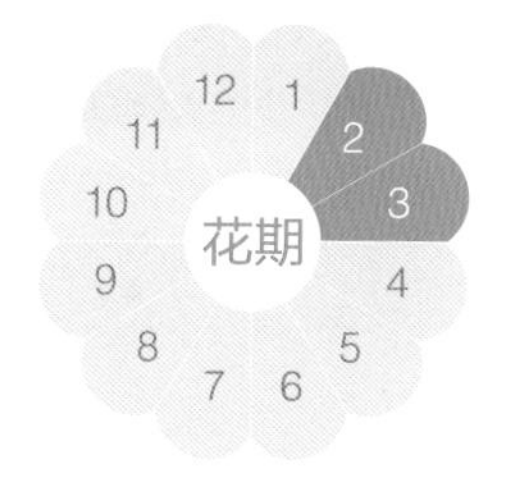

1 花（叶育石／摄）
2 全株（刘念／摄）

形态特征 株高1~2米。叶舌薄膜质，长3.5~5厘米；叶片长圆形或长圆状披针形，背面通常被毛。穗状花序密生多花，花香；苞片、花萼被金黄色绢毛，花冠、唇瓣白色，长2.5厘米，深2裂，花丝紫红色，长4.5厘米，花药长仅2~3毫米。果实卵球形。花期2~3月，果期3~5月。

生境与分布 产于广东、广西、海南、云南，生于海拔540~1000米的石山林中石壁上。印度、缅甸、泰国、越南亦有分布。

经济用途 根状茎，祛风止咳。可作切花及庭院点缀。

小毛姜花

Hedychium villosum var. *tenuiflorum* Wall. ex Bak.

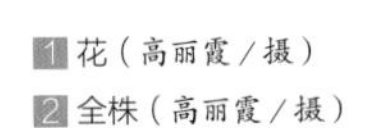

形态特征　本变种与原变种的区别在于植株较矮，假茎高 0.8 米。花小，具兰花香味；苞片长约 1.5 厘米；花冠裂片、侧生退化雄蕊和唇瓣的长均不超过 1.5 厘米。花期 3~4 月。

生境与分布　分布于云南。印度亦有分布。

经济用途　用途与原变种相同，但花更香。

1 花（高丽霞／摄）
2 全株（高丽霞／摄）

1

2

滇姜花 *Hedychium yunnanense* Gagnep

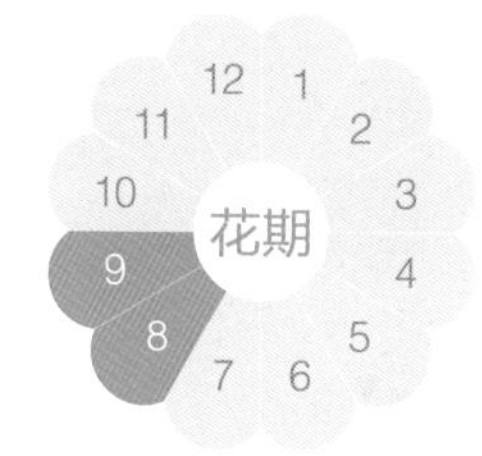

1 花序（林玲／摄）
2 全株（林玲／摄）

形态特征 株高1~1.2米。穗状花序长达20厘米，苞片卷筒状、披针形，长1.5~2.5厘米，内生单花，花冠管纤细，长3.5~5厘米，侧生退化雄蕊较花冠裂片为短，但较宽，唇瓣倒卵形，长约2厘米，2裂至中部，雄蕊红色，花丝较唇瓣为长，长3.5~4厘米。花期8~9月，果期10~11月。

生境与分布 产于云南、广西、西藏、四川，生于海拔1700~2200米的山坡林下。

经济用途 根茎入药，具有祛风除湿、舒筋活络、调经止痛功效。可盆栽及林下观赏。

八 大豆蔻属 *Hornstedtia* Retzius

直立草本。主要特征为总花梗极短至无，花序通常贴近地面长出，总苞片革质，覆瓦状排列，基部的总苞片内通常无花，花 1~2 朵开放于花序顶端，花冠管细长，长度逾唇瓣的 2 倍，顶端常呈直角弯曲，唇瓣和花丝的基部分离。

全世界约 60 种。我国有 2 种，产西藏、广西和海南。

大豆蔻

Hornstedtia hainanensis T. L. Wu & S. J. Chen

1 叶（叶育石／摄）
2 花（叶育石／摄）

别名　烂包头。

形态特征　株高 1~2 米。根茎横走，被鳞片状鞘，鞘上密被棕色绢毛。叶两面无毛。花序卵形，长 6~8 厘米，苞片卵状三角形，覆瓦状排列，深红色，唇瓣粉红色，中央有颜色较深的斑，倒卵状长圆形，边缘具齿缺。蒴果长圆形或椭圆形。花期 2~5 月，果期 6~8 月。

生境与分布　产于广东、海南，生于密林中。

经济用途　全草药用治水肿、小便不利。可植于庭院供观赏。

九 山柰属 *Kaempferia* L.

多年生低矮草本。根茎呈块状，地上茎无或极短。叶常贴近地面生长，花序顶生或生于从根状茎生出的花莛上先叶而出，侧生退化雄蕊花瓣状，唇瓣2裂，花药基部无距。

全世界有40种，分布于亚洲热带地区。我国有5种。

山柰 *Kaempferia galanga* L.

1 花（叶育石/摄）
2 叶（叶育石/摄）

别名 沙姜。

形态特征 根茎块状，单生或数枚连接，淡绿或绿白色，芳香。叶2~4片贴地生长，近无柄，叶片近圆形，两面绿色，无毛。唇瓣白色，基部具紫斑，深2裂至中部以下，雄蕊无花丝，药隔附属体正方形。花期6~8月。

生境与分布 我国华南至西南等地栽培或野生，生于灌丛或开阔草地。东南亚广泛栽培。

经济用途 根状茎作香味调料，俗称“沙姜”，入药行气温中、消食止痛。

小花山柰

Kaempferia parviflora Wall.

1 花（叶育石／摄）
2 全株（林玲／摄）

别名　黑心姜。

形态特征　株高 20~45 厘米。根状茎内面深紫色或深灰色。叶鞘紫红色，叶片卵圆形或长圆形，基部圆形或浅心形，叶脉显露。唇瓣倒卵形，先端 2 浅裂，顶端与边缘近白色，中部紫红色。花期 5~10 月。

生境与分布　原产缅甸、老挝、泰国。我国有引种栽培。

经济用途　根状茎药用，具有抗疲劳、壮阳等功效。可作小盆栽用于室内观赏。

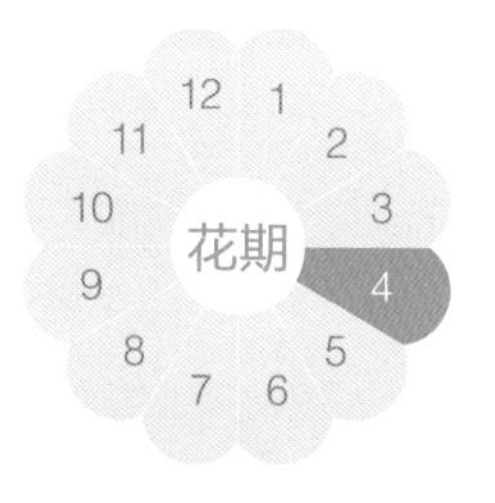

海南三七

Kaempferia rotunda L.

1 全株（林玲／摄）
2 小花（林玲／摄）

别名　山田七。

形态特征　株高 20~45 厘米。叶片长椭圆形，2~4 片直立生长，叶面上有深绿和淡绿色的色斑相间，形成美丽的花纹。花序从根状茎直接生出，出现于叶前，侧生退化雄蕊白色，唇瓣紫色，2 裂至基部。花期 4 月。

生境与分布　产于广东、广西、海南、云南及台湾，生于海拔 600~900 米的山地林下、灌丛或开阔草地。热带亚洲亦有分布。

经济用途　根状茎药用，治跌打损伤、胃痛。可作盆栽和庭园观赏植物。

多年生草本。株形低矮。花序顶生，苞片 2 列，边缘不与花序轴连生呈囊状，侧生退化雄蕊花瓣状，唇瓣近圆形，花丝极短或无，药隔附属体全缘。

全世界约有 10 种，分布于印度、缅甸和泰国。我国有 1 种。

黄花大苞姜

Caulokaempferia coenobialis (Hance) K. Larsen

1 花（林玲／摄）
2 群体（林玲／摄）
3 全株（林玲／摄）

别名 石竹花（广西上林），水马鞭（广西武鸣）。

形态特征 丛生草本。茎高 15~30 厘米。叶片先端长尾状渐尖，基部急尖。花黄色，侧生退化雄蕊椭圆形，长约 1.2 厘米；唇瓣宽卵形，长 1.5~2 厘米。果长圆形，顶端有宿萼。花期 4~7 月，果期 8 月。

生境与分布 产于广东、广西，生于海拔 1000~1400 米的潮湿阴凉陡峭石壁上或林下潮湿处。

经济用途 全草药用，解毒疗伤、祛风湿。可作小盆栽。

十一　苞叶姜属 *Pyrgophyllum* (Gagnep.) T. L. Wu & Z. Y. Chen

低矮直立草本。花序上的苞片基部边缘与花序轴贴生呈囊状，上部延伸呈叶状，内有花 1~2 朵，花黄色，唇瓣 2 裂。

本属仅 1 种。特产我国。

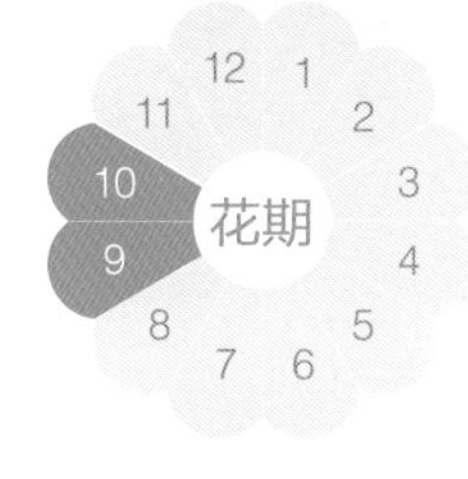

1 全株（陈娟／摄）
2 花（陈娟／摄）

苞叶姜 *Pyrgophyllum yunnanensis* (Gagnep.) T. L. Wu & Z. Y. Chen

别名　大苞姜，滇姜三七。

形态特征　株高 25~55 厘米。叶 3~4 片，叶面无毛，叶背被短柔毛。花序顶生，叶状苞片 1~3 枚，基部边缘与花序轴贴生呈囊状。花黄色，唇瓣深 2 裂，药隔附属体三角形。蒴果近圆形，果皮上有细脉纹。花期 9~10 月。

生境与分布　产于四川、贵州、云南，生于海拔 1500~2800 米的山地密林中。

经济用途　根茎药用，具有化瘀、消肿止痛、止血等功效。

十二 喙花姜属 *Rhynchanthus* Hook. f.

多年生草本。具块状根茎，穗状花序顶生，苞片红色，每苞内有花 1 朵，花黄色，花冠管状而长，花冠裂片短，无侧生退化雄蕊，唇瓣退化呈小齿状，位于花丝的基部或无，花丝长而突露。

全世界有 7 种，分布于缅甸、泰国至印度尼西亚、巴布亚新几内亚。我国云南有 1 种。

喙花姜 *Rhynchanthus beesianus* W. W. Smith

1 全株（叶育石／摄）
2 花（叶育石／摄）

别名 滇高良姜。

形态特征 株高 0.5~1.5 米。穗状花序顶生，长 10~15 厘米，其上生有 15~20 朵排列紧密的小花，向一侧开放，苞片鲜红色，花冠管红色，无侧生退化雄蕊及唇瓣，花丝舟状，黄色，花药橙色。花期 7 月。

生境与分布 产于云南，生于海拔 1500~1900 米的潮湿疏林、灌丛或草地或附生树上。缅甸亦有分布。

经济用途 根状茎入药温中开胃，用于治脘腹胀痛、食滞不化。花序鲜艳夺目，适宜作鲜切花及悬挂观赏。

十三　象牙参属 *Roscoea* Smith

落叶低矮草本。根状茎极短，根粗短，块根常比根茎粗大。叶基生、无柄。侧生的花冠裂片与唇瓣的基部离生，苞片及萼片绿色，侧生退化雄蕊及唇瓣发达，是花中最显著的部分，花药隔基部有距。

全世界约有 20 种，全产东亚，主要分布于喜马拉雅地区及我国西藏、云南、四川，是姜科中分布海拔最高（1200~4850 米）、最耐寒的种类。我国有 13 种。

1

2

耳叶象牙参 *Roscoea auriculata* K. Schum

1 全株（李庆军／摄）
2 花（李庆军／摄）

形态特征　株高 20~40 厘米。根粗壮，叶无柄，基部明显耳状抱茎，叶鞘紫红色。花数朵顶生，无总花梗，深紫色，偶为白色或部分白色，侧生退化雄蕊白色，基部具“V”形紫斑，唇瓣阔倒卵形，长约 4.5 厘米，全缘至深 2 裂达中部，具 6~8 条不明显的白色线纹下行达喉部。花期 6~8 月。

生境与分布　产于西藏，生于海拔 2400~2900 米的山坡草地或林下。印度、尼泊尔亦有分布。

经济用途　根药用具有温中散寒、消食止痛功效。花美丽，供观赏。

早花象牙参

Roscoea cautleroides Gagnep.

1 全株（李庆军／摄）

2 花（叶育石／摄）

别名　滇象牙参，华象牙参（《中国植物志》）。

形态特征　株高 15~60 厘米。根纺锤状。具无叶片的叶鞘 3~4 枚，被紫红色斑点；叶线状披针形，直立。花 1 至数朵生于长或短的花葶上，花黄色、紫色、白色或粉红色，花冠的背裂片倒卵形，顶嘴具小尖，唇瓣倒卵形，长 2.5~3 米，顶端 2 裂。花期 4~6 月。

生境与分布　产于四川、云南，生于海拔 2000~3500 米的林下及荒坡草地上。

经济用途　根药用，具有滋肾润肺功效。盆栽或布置于高山岩石园。

大花象牙参

Roscoea humeana Balf. F. & W. W. Smith

1 花（李庆军／摄）
2 花（叶育石／摄）
3 花序（李庆军／摄　林玲／修图）

别名　象牙参，大象牙参，双唇象牙参（《中国植物志》）。

形态特征　株高 15~45 厘米。无叶片的叶鞘 4~5 枚，具纵的红色条纹；叶 6 片，无柄。花于叶前开放，花序近头状，无总花梗，花紫红色、黄色或白色，后方的 1 枚花冠裂片大，宽约 2.2 厘米，唇瓣深 2 裂，长 3.5~4 厘米。花期 4~7 月。

生境与分布　产于云南、四川，生于海拔 2700~3700 米的林下或荒草丛中。印度、缅甸亦有分布。

经济用途　根入药，补肺定喘。盆栽供观赏。

十四 土田七属 *Stahlianthus* Kuntze

落叶草本。叶基生，披针形至长圆形。花组成头状花序，包藏于一钟状的总苞内，具或长或短的总花梗。

全世界 6 种，分布于缅甸、老挝和越南。我国有 1 种。

土田七 *Stahlianthus involucratus* (King ex Baker) O. Kuntze

别名 三七姜，姜田七（广西），竹叶三七（《中药大辞典》）。

形态特征 株高 20~35 厘米。根状茎块状。叶片披针形或倒卵状长圆形，绿色或带淡紫色。花聚生于钟状的总苞中，总花梗从根状茎生出，长 2.5~10 厘米，花白色，唇瓣匙形，顶端 2 裂。花期 5~6 月。

生境与分布 产于海南、广东、广西、云南、福建、浙江等地林下或荒坡。印度、缅甸、泰国也有分布。

经济用途 根状茎入药，具有散瘀消肿、行气镇痛等功效。可盆栽供观赏。

1 花（叶育石/摄）
2 全株（叶育石/摄）

十五 姜属 *Zingiber* Miller

多年生草本。假茎直立，根状茎肥大，假叶片基部稍肿胀若叶枕。花序通常生于由根状茎发出的或长或短的花莛上，侧生退化雄蕊与唇瓣合生，致使唇瓣具 3 裂片，药隔附属体钻状，包裹花柱。

全世界有 100~150 种，分布于亚洲热带、亚热带地区。我国有 45 种。

1

2

3

珊瑚姜

Zingiber corallinum Hance

1 花（叶育石／摄）
2 花序＋根茎（林玲／摄）
3 全株（叶育石／摄）

形态特征 株高 60~120 厘米。总花梗自根状茎生出，直立，长 15~25 厘米，穗状花序长圆形，长 15~30 厘米，顶端渐尖，被排列紧密的红色苞片，苞片顶端急尖，花具紫红色斑纹。花期 5~8 月，果期 5~10 月。

生境与分布 产于广东、广西及海南，生于密林中、山谷、溪旁等潮湿处。泰国也有分布。

经济用途 根状茎入药，具有消肿、散瘀、解毒功效，外用治疗骨折。苞片鲜红，可用于庭院点缀供观赏。

蘘荷

Zingiber mioga (Thumb.) Roscoe

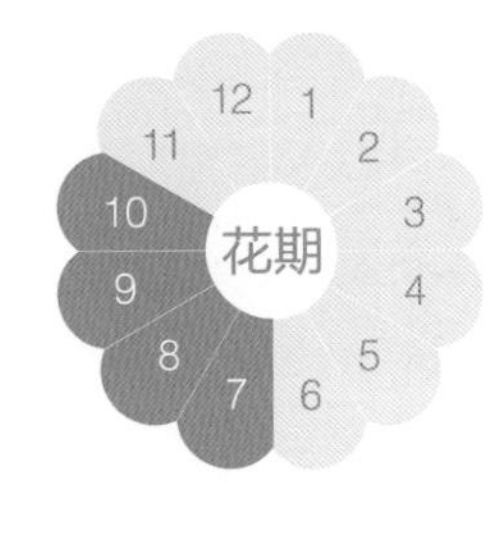

1 花（叶育石／摄）

2 全株（易思荣／摄）

别名　野老姜，莲花姜，野姜，阳荷。

形态特征　株高 60~120 厘米。根状茎块状，淡黄色。穗状花序具覆瓦状排列的苞片，自根状茎生出，花黄色，唇瓣 3 裂。果熟时 3 瓣裂，果皮里面鲜红色，种子被白色假种皮。花期 7~10 月，果期 9~12 月。

生境与分布　产于华东、华南及西南各地，生于林中的沟谷及林缘路旁潮湿处或栽培。日本亦有分布。

经济用途　花序可作蔬菜食用。根状茎、叶、花序及果入药，有活血调经、镇咳祛痰、消肿解毒等功效。

姜

Zingiber officinale Roscoe

1 全株（叶育石/摄）
2 花（叶育石/摄）

别名　生姜，干姜，大肉姜。

形态特征　株高60~120厘米。根状茎肉质，块状，淡黄色，具芳香及辛辣味。叶无柄；叶披针形至线状披针形，宽2~2.5厘米；穗状花序基生。球果状，具长总花梗，花冠淡黄色，半透明，唇瓣具紫色条纹及黄色斑点。花期10月。

生境与分布　我国东南部至西南部以及中部地区广泛栽培。热带亚热带地区广泛栽培。

经济用途　根状茎是常用烹饪调味品，药用有开胃止呕、化痰止咳、发汗解表功效。可用于食品和化妆品等。

阳荷

Zingiber striolatum Diels

1 花（林玲／摄）
2 花（叶育石／摄）
3 全株（叶育石／摄）

别名　阳藿（《植物名实图考》）。

形态特征　株高 1~1.5 米。根状茎内部白色。穗状花序近卵形，总花梗长短不一；苞片红色，长 3.5~5 厘米；花冠裂片白色，有紫色条纹；唇瓣倒卵形，长 3 厘米，浅紫色；药隔附属物长约 1.5 厘米，顶端紫色。内果皮红色。花期 7~9 月，果期 9~11 月。

生境与分布　产于华南至西南地区，生于海拔 300~1900 米的山坡和溪边潮湿处。

经济用途　根状茎药用，治痢疾、泄泻。嫩花序可作蔬菜或制作泡菜。

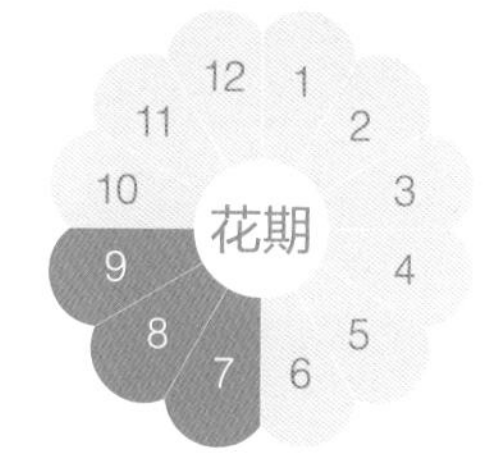

红球姜

Zingiber zerumbet (L.) Rosc. Ex Smith

1 全株（叶育石 / 摄）
2 花（刘念 / 摄）
3 绿色花序（林玲 / 摄）

别名　凤姜（广西容县）。

形态特征　株高 0.6~2 米。根状茎似姜，内部淡黄色。花序球果状，总花梗长 10~30 厘米，苞片覆瓦状排列，紧密，近圆形，长 2~3.5 厘米，初时淡绿色，后变红色，内常贮有黏液。花期 7~9 月，果期 10 月。

生境与分布　产于广东、广西、海南、云南、台湾等地区，生于山谷林下路旁阴湿处。亚洲热带地区广布。

经济用途　根状茎药用，具有祛痰、消肿、解毒、止痛等功效。黏液可作洗发露用。幼苗可作蔬菜。可作高档切花材料或大型盆栽观赏。

第八章

闭鞘姜科观赏植物

闭鞘姜科（Costaceae）与姜科的主要区别在于前者植物体无芳香味，叶螺旋排列，叶鞘闭合呈管状，唇瓣由 3 枚外轮退化雄蕊和 2 枚内轮退化雄蕊连合构成，子房顶部无蜜腺而代之为陷入子房的隔膜腺。

全世界有 4 属约 100 种，分布于热带地区。我国有 1 属 5 种。

闭鞘姜属 *Costus* L.

直立草本。全株不含挥发油。地上茎发达，有时具分枝，常旋卷。叶螺旋状排列。花序球果状，顶生或生于花莛上，小苞片管状或折叠，唇瓣喇叭状或管状，雄蕊半枚。花药生于变宽的花丝上，子房 3 室。

全世界约有 90 种，泛热带分布。我国有 5 种。

1 全株（叶育石／摄）
2 小花（林玲／摄）
3 花序（林玲／摄）

玫瑰闭鞘姜 *Costus barbatus* Suess.

别名　宝塔闭鞘姜，宝塔姜，红苞闭鞘姜。

形态特征　丛生，株高 1.5~2.5 米，顶枝旋卷。叶螺旋排列，叶鞘密被短茸毛，叶背密被绢毛。苞片红色；花冠黄色；唇瓣宽卵形，内卷管状，金黄色，外面密被短柔毛。蒴果椭圆形。花期 1~10 月。

生境与分布　原产哥斯达黎加。我国南方地区有引种栽培。

经济用途　可丛植于庭院和园林造景观赏，也可作切花，瓶插时花期可达半月。花可食用，味美酸甜。嫩茎也可作蔬菜食用。

闭鞘姜

Costus speciosus (J. Koenig) Smith

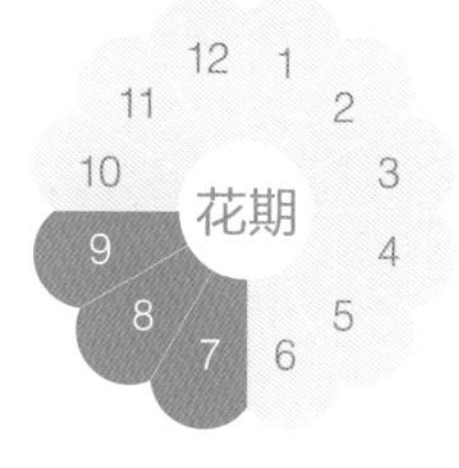

1 花（林玲／摄）
2 全株（林玲／摄）

别名　广商陆、水焦花。

形态特征　株高1~3米，顶部分枝常旋卷。叶螺旋排列，叶背密被绢毛。穗状花序顶生，长5~15厘米；苞片革质，红色，具锐利的短尖头；花萼红色，或初时绿色，老时变成红色；唇瓣宽喇叭形，纯白色。蒴果稍木质，红色。花期7~9月，果期9~11月。

生境与分布　产于我国台湾、华南至西南等地区。热带亚洲广布。

经济用途　根状茎药用，具有消炎利尿、散瘀消肿等功效。花序可作切花，可作绿化观赏。

参考文献

陈俊愉，等 . 1995. 花卉育种中的几个关键环节 [J]. 园艺学报，22（4）：372–376.

陈升振，1989. 草豆蔻生物学特性与繁殖方法的研究 [J]. 中国科学院华南植物所集刊，5：155–160.

陈薇，和江明，寸守铣，2002. 圆瓣姜花茎尖组织培养 [J]. 植物生理学通讯（2）：146.

常欣蕾，何小珊，陆耀东，等，2021. 控释肥对姜荷花生长的影响 [J]. 仲恺农业工程学院学报，34（4）：1–6.

仇硕，赵健，李秀娟，等，2010. 姜荷花种球发芽及贮藏技术研究 [J]. 北方园艺（18）：109–111.

戴素贤，1996. 姜花茶窨制技术 [J]. 广东茶业（1）：30–32.

董辉，1994. 中药草豆蔻类，草果类生药学研究 [D]. 南京：中国药科大学.

董海丽，纵伟，2000. 酶法提取姜黄素的研究 [J]. 纯碱工业（6）：55–56+60.

范燕萍，余让才，陈小丹，2004. 红球姜的组织培养和快速繁殖 [J]. 植物生理学通讯，40（4）：458.

符书贤，潘梅，符瑞侃，2003. 火炬姜的组织培养和快速繁殖 [J]. 植物生理学通讯（3）：223.

高江云，陈进，夏永梅，2002. 国产姜科植物观赏特性评价及优良种类筛选 [J]. 园艺学报，29（2）：158–162.

高江云，夏永梅，黄加元，等，2006. 中国姜科花卉 [M]. 北京：科学出版社.

高明乾，李景原，刘萍，1998. 姜科植物古汉名考证 [J]. 河南师范大学学报（自然科学版），26（3）：62–65.

高燕，周侯光，姜艳，等，2020. 云南德宏姜科植物资源调查及利用现状 [J]. 热带农业科技，43（3）：41–46.

国家药典委员会，2010. 中华人民共和国药典：1 部 [M]. 北京：中国医药科技出版社.

郭德栋，康传红，刘丽萍，等，1999. 异源三倍体甜菜（VVC）无融合生殖的研

究 [J]. 中国农业科学，32（4）：1–5.
关孟华，等，2014. 小豆蔻的化学成分与药理研究进展 [J]. 中药材，37（5）：908–911.
杭玲，黄卓忠，江文，等，2006. 生姜组织培养快繁技术研究与应用 [J]. 江苏农业科学（5）：125–127.
韩凤，肖杰易，等，2006. 砂仁属植物的病害及防治 [J]. 中国现代中药，8（4）：35–36.
胡玉姬，陈升根，羡蕴兰，等，1990. 花叶艳山姜的组织培养 [J]. 植物生理学通讯（4）：35.
黄颖颖，2016. 花叶山姜无土栽培及组培快繁研究 [D]. 广州：仲恺农业工程学院 .
黄竹君，林玲，刘念，2023. 姜科黄姜花复合体的形态特征及其分类群界定 [J]. 热带亚热带植物学报，31（1）：93–100.
黄加元，2005. 西双版纳姜科植物资源的利用现状与开发前景 [J]. 中国野生植物资源，24（2）：26–28.
胡秀等，2010. 中国姜花属野生花卉资源的调查与引种研究 [J]. 园艺学报，37（4）：643–648.
胡炜彦，张荣平，唐丽萍，等，2008. 生姜化学和药理研究进展 [J]. 中国民族民间医药（9）：10–14.
寇亚平，2012. 春秋姜黄花药培养诱导单倍体植株技术探讨 [D]. 广州：仲恺农业工程学院 .
梁国平，管艳，黄凤翔，2007. 红姜花的组织培养和快繁技术研究 [J]. 热带农业科技（3）：38–40.
罗明华，万怀龙，林宏辉，2008. 中国象牙参属植物的分布及药用资源 [J]. 中国野生植物资源，27（5）：35–41.
李大峰，贾冬英，姚开，等，2011. 生姜及其提取物在食品加工中的应用 [J]. 中国调味品（2）：20–23.
李凡，2002. 我国花卉产业发展中若干问题的探讨 [J]. 林业资源管理（3）：43–46.
李时珍（明），2007. 本草纲目 [M]. 校点本：第 2 版 . 北京：人民卫生出版社.
李瑞敏，李湘洲，张胜，2013. 姜黄油的不同提取方法及其化学成分的研究 [J]. 中南林业科技大学学报，33（4）：114–116+120.

李伟锋，何玲，冯金霞，等，2013. 生姜提取物对鲜切苹果保鲜研究 [J]. 食品科学，34（4）：236–240.

李叙申，秦民坚，1998. 姜科药用植物资源 [J]. 中国野生植物资源，17（2）：20–23.

李月文，2005. 生姜资源及开发利用 [J]. 中国林副特产，74（1）：57–58.

林玲，陆洁梅，刘文艺，等，2023. 姜科花卉种质资源的引种保存、评价与创新 [J]. 热带亚热带植物学报，31（2）：211–222.

刘念，1994. 姜科植物花卉资源 [J]. 广东园林（3）：15–16.

刘念，2003. 中国姜科植物的多样性和保育 [J]. 仲恺农业技术学院学报（4）：187–191.

刘艳，2010. 阳春砂组织培养与辐射诱变育种的初步研究 [J]. 广州中医药大学学报（3）：224–228.

龙秋双，甘诗泉，刘章念，等，2022. 艳山姜挥发油调控 NF–κB 信号抑制 LPS 诱导的视网膜 Müller 细胞炎症反应 [J]. 中药材，45（11）：2708–2712.

路国辉，王英强，2011. 姜科植物花卉应用现状及开发前景 [J]. 北方园艺（10）：82–86.

罗琼，柳长华，成莉，等，2015.《神农本草经》在我国药物规范历史中的地位探讨 [J]. 北京中医药，34（1）：29–31.

罗海，李玉锋，刘瑶，2010. 超临界 CO_2 流体萃取法提取姜黄素的研究 [J]. 现代食品科技，26（4）：400–401+405.

彭声高，熊友华，等，2005. 姜科等野生花卉引种利用研究 [J]. 广东农业科学（2）：42–44.

袁媛，谢小丽，庞玉新，2017. 海南岛姜科药用植物资源的调查与开发利用 [J]. 贵州农业科学，45（1）：4–8.

秦洛宜，2019. 姜黄、莪术、郁金的化学成分与药理作用研究分析 [J]. 临床研究，27（2）：3–4.

沈荔荔，2015. 南岭莪术根茎特性及长期贮藏技术研究 [D]. 广州：仲恺农业工程学院 .

盛爱武，刘念，2008. 广西莪术种球分级依据及其特性研究 [J]. 安徽农业科学（12）：4943–4944.

盛爱武，刘念，张施君，等，2011. 三种姜黄属花卉根茎贮藏对开花的影响 [J]. 北方园艺（24）：99–101.

盛爱武，刘念，张施君，等，2011. 温度调控对南岭莪术根茎开花与花芽分化的影响 [J]. 中国农业科学，44（2）：379–386.

田忠科，2007. 我国水培花卉的现状及发展趋势 [J]. 科技情报开发与经济，17（7）：144–145.

唐秀桦，2007. 广西莪术快速繁殖及后代植株性状调查的研究 [D]. 南宁：广西大学 .

王泽霖，2023. 姜科植物活性成分的提取、鉴定及性能研究 [D]. 北京：北京化工大学 .

吴永辉，2016. 中国姜科小盆栽种质资源引种及益智水培研究 [D]. 广州：仲恺农业工程学院 .

吴繁花，于旭东，李成竹，2009. 山柰组织培养 [J]. 热带作物学报（3）：338–342.

吴德邻，1981. 中国植物志・姜科 [M]. 北京：科学出版社 .

吴德邻，1985. 姜的起源初探 [J]. 农业考古（2）：247–250.

吴德邻，等，1988. 极有开发前途的野生姜科花卉资源 [J]. 植物杂志（2）：24–25.

吴德邻，1994. 姜科植物地理 [J]. 热带亚热带植物学报，2（2）：1–14.

吴德邻，2013. 姜科 [M]// 戴伦凯，中国药用植物志（第 12 卷）. 北京：北京大学出版社.

吴德邻，刘念，叶育石，2016. 中国姜科植物资源 [M]. 武汉：华中科技大学出版社.

吴俏仪，1986. 止痛良药：艳山姜 [J]. 中药材（2）：47.

吴忠发，1998. 姜科植物主要病害及防治 [J]. 广西农业科学（4）：194–195.

伍有声，董祖林，刘东明，等，2001. 华南地区姜科植物主要害虫及防治 [J]. 中药材，24（2）：79–81.

伍有声，董祖林，刘东明，等，2002. 华南植物园姜科植物主要病害及防治 [J]. 中药材，25（11）：773–775.

熊友华，马国华，刘念，2005. 白姜花的组织培养与植株再生 [J]. 植物生理学通讯（1）：66.

熊友华，马国华，刘念，2007. 金姜花的组织培养和快速繁殖 [J]. 植物生理学通讯（1）：135.

熊友华，庄雪影，刘念，2011. 姜花离体再生体系的建立 [J]. 贵州农业科学（6）：23–25.

薛佳桢，2005. 花卉的花期调控研究进展 [J]. 潍坊学院学报，25（2）：111–114.
薛泉，2003. 姜科花卉的观赏价值及其用途 [J]. 花木盆景园艺（4）：1.
肖红艳，温玉库，2006. 姜黄素抗癌作用及机制研究进展 [J]. 社区医学杂志（12）：40–41.
谢建光，方坚平，刘念，2000. 姜科植物的引种 [J]. 热带亚热带植物学报，8（4）：282–290.
严金平，泽桑梓，等，2004. 姜细菌性青枯病病原菌及其防治研究进展 [J]. 河南农业科学（9）：63–65.
许再富，2000. 稀有濒危植物迁地保护的原理与方法 [M]. 昆明：云南科技出版社.
叶育石，付琳，2019. 观赏姜目植物与景观 [M]. 武汉：湖北科技出版社.
叶育石，邹璞，黄建平，2020. 中国迁地栽培植物志：姜科 [M]. 北京：中国林业出版社.
余徐润，李传保，2012. 蘘荷资源的开发利用概述 [J]. 信阳农业高等专科学校学报，22（1）：113–115.
宣朴，郭元林，岳春芳，等，2004. 生姜茎尖组培快繁技术研究 [J]. 西南农业学报，17（4）：484–486.
曾宋君，刘念，彭晓明，1999. 宫粉郁金的组织培养和快速繁殖 [J]. 植物生理学通讯（1）：37–38.
曾宋君，方坚平，2000. 宫粉郁金的应用价值及其繁殖栽培 [J]. 中国野生植物资源，19（1）：48–50.
曾宋君，2003. 丰富多彩的姜科花卉 [J]. 花木盆景（4）：8–11，60–61.
曾宋君，段俊，刘念，2003. 姜目花卉 [M]. 北京：中国林业出版社.
曾莉，戚佩坤，等，2004. 广东省姜科观赏植物真菌病害的病原鉴定 [J]. 华中农业大学学报，23（4）：397–402.
张丽娟，陆茵，2008. 姜黄素抗肿瘤机制研究进展 [J]. 中国中医药信息杂志，15（4）：100–101.
张施君，2011. 姜科姜黄属植物的离体再生与遗传转化研究 [D]. 北京：中国科学院大学.
张施君，刘念，盛爱武，2011. 南岭莪术的组织培养技术研究 [J]. 北方园艺（8）：151–153.
赵志礼，王峥涛，2003. 箭秆风（姜科）的名实问题 [J]. 植物分类学报，41（6）：

575–576.
赵彦杰，2005. 姜荷花组培快繁技术研究 [J]. 安徽农业科学（2）：255–364.
朱文丽，刘小涛，莫饶，2005. 益智的组织培养与快速繁殖 [J]. 植物生理学通讯，41（3）：335.
左嘉伟，熊丙全，康珏，2020. 浅谈水培花卉栽培养护管理技术 [J]. 四川农业科技（2）：34–35.
Aiwu Sheng，Nian Liu，Shijun Zhang，et al.，2013. Flowering，morphological observations and FT expression of Curcuma kwangsiensis var bud in development process[J]. Scientia Horticulturae，160：383–388.
Branney，T M E，2005. Hardy Gingers [M]. Portland：Timber Press.
Burtt B L，Smith R M，1972. Tentative keys to the subfamilies，tribes and genera of the Zingiberales [J]. Notes from the Royal Botanic Garden，Edinburgh，31：171–176.
Burtt，B L，1972. General introduction to papers on Zingiberaceae[J]. J. Not. Roy. Bot. Gard Edinb，31（2）：155–165.
Chang L H，Jong T T，Huang H S，et al.，2006. Supercritical carbon dioxide extraction of turmeric oil from Curcuma longa Linn. and purification of turmerones[J]. Separation and Purification Technology，47（3）：119–125.
Chen J，Tong Y H ，Xia N H，2019. Curcuma yingdeensis（Zingiberaceae），a new species from China[J]. Phytotaxa，388（1）：98–106.
Chen J，Ye Y S，Xia N H，2021. Curcuma ruiliensis（Zingiberaceae），a new species from Yunnan，China[J]. Nordic Journal of Botany，39（2）.
Dai D N，Huong L T，Hung N H，et al.，2020. Antimicrobial activity and chemical constituents of essential oil from the leaves of Alpinia globosa and Alpinia tonkinensis[J]. Journal of Essential Oil Bearing Plants，23（2）：322–330.
Das A，Kasoju N，Bora U，et al.，2013. Chemico–biological investigation of rhizome essential oil of Zingiber moran–Native to Northeast India[J]. Medicinal Chemistry Research，22：4308–4315.
Ding H B，Gong Y X，Tan Y H，2022. Globba depingiana（Zingiberaceae），a new species from Yunnan，China[J]. Ann. Bot. Fennici，59：57–60.
Ding H B，Quan D，Zeng X D，et al.，2021. Zingiber calcicole（Zingiberaceae），a new species from a limestone area in south Yunnan，China[J]. Phytotaxa，525（1）：65–69.

Holttum R E，1950. The Zingiberaceae of the Malay Peninsula [J]. Gardens' Bulletin Singapore，13：1–249.

Jeena K，Liju V B，Kuttan R，2013，Antioxidant，anti–inflammatory and antinociceptive activities of essential oil from ginger[J]. Indian Journal Physiol Pharmacol，57（1）：51–62.

Kou Y P，Ma G H，Liu N，2013. Callus induction and shoot organogenesis from anther cultures of Curcuma attenuata Wall. [J]. Plant Cell Tiss Organ Cult，112：1–7.

Kress W J，Prince L M，Williams K J，2002. The phylogeny and a new classification of the gingers（Zingiberaceae）：Evidence from molecular data [J]. American Journal Botany，89：1682–1696.

Kumar K J S，Vani M G，Wu P C，et al.，2020. Essential oils of Alpinia nantoensis retard forskolin–induced melanogenesis via ERK1/2–mediated proteasomal degradation of MITF[J]. Plants，9（12）：1672.

Lamxay V，M Newman，2012. A revision of Amomum（Zingiberaceae）in Cambodia，Laos and Vietnam[J]. Edinb. J. Bot.，69（1）：99–206.

Lin Fu，Huang J P，Wu X，et al.，2021. Amomum xizangense（Zingiberaceae），a new species from Xizang，China[J]. Phytotaxa，525（3）：232–236.

Loc N H，Duc D T，Kwon T H，Yang M S，2005. Micropropagation of zedoary（Curcuma zedoaria Roscoe）–a valuable medicinal plant[J]. Plant Cell Tiss. Organ Cult.，81：119–122.

Ma X D，Wang W G，Gong Q B，et al.，2021. Globba ruiliensis，a new species of Zingiberaceae from Yunnan，China[J]. Taiwania 66（1）：31–34.

Mood，J，K Larsen，1998. Cornukaempferia，a new genus of Zingiberaceae from Thailand[J]. Nat. Hist. Bull. Siam Soc.，45：217–221.

Newman M，Lhuillier A，Poulsen A D，2004. Checklist of the Zingiberaceae of Malesia[J]. Blumea，Suppl.，16：166.

Pedro J，Felipe T，Mauricio A，et al.，2015. Techno–economic evaluation of the extraction of turmeric（Curcuma longa L.）oil and ar–turmerone using supercritical carbon dioxide[J]. The Journal of Supercritical Fluids，105：44–54.

Pham，Tu，Shinkichi，et al.，2015. Anti–oxidant，anti–aging，and anti–melanogenic properties of the essential oils from two varieties of Alpinia zerumbet [J]. Molecules，20（9）：16723–16740.

Roxburgh W，1820. Flora Indica [M]. Serampore：Mission Press.

Salvi N D，George L，Eapen S，2002. Micropropagation and field evaluation of micropropagated plants of turmeric. Plant Cell Tiss[J]. Organ Cult.，68:143–151.

Schumann K，1904. Zingiberaceae[M]//Englel H G A（ed.）. Das Pflanzenreich, Leipzig：Verlag von Wilhem Engelmann，IV–46：1–458.

Shijun Zhang，Nian Liu，Aiwu Sheng，et al，2011. Direct and callus–mediated regeneration of Curcuma soloensis Valeton（Zingiberaceae）and ex vitro performance of regenerated plants[J]. Scientia Horticulturae，130：899–905.

Shijun Zhang，Nian Liu，Aiwu Sheng，et al，2011. In vitro plant regeneration from organogenic callus of Curcuma kwangsiensis Lindl.（Zingiberaceae）[J]. Plant Growth Regul，64：141 – 145.

Sirirugsa P，K Larsen，C Maknoi，2007.The Genus Curcuma L.（Zingiberaceae）: Distribution and classification with reference to species diversity in Thailand[J]. Gardens' Bulletin Singapore，59（1&2）：203–220.

TaeSoo K，InLock C，HyunSoon K，2000. Investigation of floral structure and plant regeneration through anther culture in ginger[J]. Korean Journal of Crop Science，45（3）：207–210.

Theidade I，1999. A synopsis of the genus Zingiber（Zingiberaceae）in Thailand[J].Nord. J. Bot.，19（4）：389–410.

Topoonyanont N，Chongsang S，Chujan S，et al.，2005. Micropropagation scheme of Curcuma alismatifolia Gagnep[J]. Acta Hort.，673：705–712.

Valeton T，1918. New notes on the Zingiberaceae of Java and Malaya[J]. Bulletin du Jardin Botanique de Buitenzorg，27：118–157.

Van H T，Thang T D，Luu T N，et al.，2021. An overview of the chemical composition and biological activities of essential oils from Alpinia genus（Zingiberaceae）[J]. RSC advances，11（60）：37767–37783.

Wang L X，Qian J，Zhao L Net al，2018，Effects of volatile oil from ginger on the murine B16 melanoma cells and its mechanism[J]. Food & function，9（2）：1058–1069.

Wu D L，Larsen K，2000. Zingiberaceae[M]//Z Y，Wu，P H Raven et al. Flora of China 24. Beijing. Science Press. And St，Louis：SciencePress/Missouri Botanical Garden Press：322–377.

Yu Y, Shen Q, Lai Y, et al., 2018. Anti-inflammatory effects of curcumin in microglial cells[J]. Frontiers in pharmacology, 9: 386.

Zhang L X, Ding H B, Li H T, et al., 2019. Curcuma tongii, a new species of Curcuma subgen. Ecomatae (Zingiberaceae) from southern Yunnan, China[J]. Phytotaxa, 395(3): 241–247.

Zhang L, Yang Z, Chen F, et al., 2017. Composition and bioactivity assessment of essential oils of Curcuma longa L. collected in China[J]. Industrial Crops and Products, 109: 60–73.

Zhang L, Yang Z, Wei J, et al., 2017. Contrastive analysis of chemical composition of essential oil from twelve Curcuma species distributed in China[J]. Industrial Crops and Products, 108: 17–25.

中文名索引

学名索引